中等职业供热通风与空调专业系列教材

供热系统调试与运行

赵庆利　主编

U0254202

中国建筑工业出版社

图书在版编目（CIP）数据

供热系统调试与运行/赵庆利主编 .—北京：中国建筑工业出版社，2001.12
中等职业供热通风与空调专业系列教材
ISBN 7-112-04648-3

Ⅰ.供… Ⅱ.赵… Ⅲ.供热系统-专业学校-教材 Ⅳ.TU833

中国版本图书馆 CIP 数据核字（2001）第 23516 号

　　本书的主要内容包括三个部分。第一部分介绍了供热系统运行调节的专业理论基础、常用调节控制法、调节设备及适用情况；第二部分介绍了供热系统运行、维护、保养及有关管理方法；第三部分概念性地介绍了供热系统微机自控的原理、方法及主控设备等知识。

　　本书为中等职业供热通风与空气调专业系列教材之一，也可作为相关专业、成人教育和各种培训班教学用书，还可供专业技术人员和运行管理人员参考。

中等职业供热通风与空调专业系列教材
供热系统调试与运行
赵庆利　主编

＊

中国建筑工业出版社出版（北京西郊百万庄）
新华书店总店科技发行所发行
北京建筑工业印刷厂印刷

＊

开本：787×1092 毫米　1/16　印张：7¼　字数：175 千字
2001 年 12 月第一版　2001 年 12 月第一次印刷
印数：1—3,000 册　　定价：**10.90** 元
──────────────
ISBN 7-112-04648-3
G·337（10098）

本社网址:http://www.china-abp.com.cn
网上书店:http://www.china-building.com.cn

前　　言

随着我国经济的迅速发展，基本建设项目也日益向着规模化、区域化方向发展，与之相配套的供热工程也逐步以供热稳定、节约能源、减少污染且便于集中管理的优势取代了分散小型供热系统，这种现状为供热系统运行管理提出了新的问题：如何培养一批适应供热系统需要的管理人员、操作人员，以切实提高供热质量，充分发挥集中供热系统的优势；如何在运行调试中消除普遍存在的水力失调现象，达到理想的运行状态；如何协调多种负荷、多个热源，使其优化运行；如何应用新型节能技术以减少能源浪费，如何做好供热系统的运行维护保养工作等。本教材本着理论与实际运行相结合的原则，对供热系统进行了较全面的分析、总结。作为一门教材，为学生们提供一些必要的专业知识，为其从事运行管理工作奠定基础，本教材也可作为从事供热系统运行管理工作人员的参考资料，以利于提高行业整体管理水平。

本教材按 34 学时编写。因地区差别，各校在讲授重点上可结合本地区情况选定。本书第三章较全面地介绍了供热系统的集中化微机自控原理及方法，部分内容可作为选修供学生自学之用。

本教材由内蒙古建筑学校赵庆利主编，内蒙古工业大学任守宏副教授，内蒙古建筑学校谭翠萍协编第一章、第二章，山东省建筑工程学校张金和主审。

本书在编写过程中得到高昆生高级工程师，贺俊杰高级讲师的指导，在此诚表谢意。

由于编者水平有限，谬误之处在所难免，敬请同仁指正。

目　　录

第一章　供热系统的调节

预　备　知　识

供热系统分热水供热系统和蒸汽供热系统。

从热源向外供热有两种基本方式：第一种为热媒由热源经过热网直接进入热用户；第二种为热媒由热源经过一级热网进入热力站（热力点），在热力站的换热设备内与二级热网的热媒进行热交换，二级热媒经二级热网进入各个热用户。

热力站与热用户的区别在于：热力站是为某一区域的建筑服务的，它有自己的二级网路，可以是独体建筑，也可附设在某幢建筑物内。而热用户是指某一单体建筑（或用热单位），它没有自己的二级网路。

热水供热系统的热用户，有供暖、通风、热水供应和生产工艺用热等系统。这些用热系统的热负荷并不恒定，如供暖、通风热负荷随室外气象条件（t_w、ϕ_w、v_w 等）变化而变化；而热水供应和生产工艺用热负荷则随使用情况等条件而异。为满足实际负荷要求，保证供热质量，就需要对热水供热系统进行初调节和运行调节。

根据调节地点不同，供热调节可分为集中调节，局部调节和个体调节三种方式。集中调节在热源处进行调节；局部调节在热力站或用户入口处调节；而个体调节直接在散热设备（散热器、换热器等）处进行调节。

集中调节容易实施，运行管理方便。但对即使仅有供暖热负荷的供热系统来说，也往往需要对个别热力站或用户进行局部调节。

对有多种热用户的供热系统，通常根据供暖热用户进行调节，即按照供暖热负荷随室外温度的变化规律来作为调节的依据。而对于其它热用户（如热水供应、生产工艺等系统），由于其变化规律不同于供暖热用户，则需要在热力站或用户入口处辅助以局部调节。这样对多种热用户的供热调节一般称为"供热综合调节"。

第一节　热水供热系统的初调节

一、初调节的目的和原则

初调节也称流量调节或均匀调节，其目的是在热网正式运行之前或运行期间，将各用户的实际流量调配至与理想流量（设计流量）基本相符，以减缓热力水平失调工况。

实际中由于多种原因，供热管网所连接各用户的实际流量很难与设计流量相符。据实测资料表明，供热系统流量失调的大致规律是距热源近端的热用户其流量大于设计流量（一般可达 2~3 倍）；而距热源远端的热用户其流量小于设计流量（一般为 1/5~1/2）；中端用户的流量大体接近设计流量。即产生了"近热远冷"的水平失调现象。

初调节中有一个十分重要的原则：只要使供热系统大多数远端用户的实际流量 G 不

少于设计流量 G' 的 50%（即相对流量 $\overline{G}=0.5$），而大多数近端用户的实际流量 G 不超过设计流量 G' 的 300%（即 $\overline{G}=3.0$），就可以认为其热力水平失调程度可以接受。实际效果为最远端用户室温不致过低，近端用户室温则不致过高。

二、初调节的方法

初调节利用各热用户入口安装的流量调节装置进行，如手动流量调节阀、平衡阀、调配阀及节流孔板等。

目前可以采用的初调节方法较多，其各有特点和适用条件，下面简单介绍六种。

1. 预定计划法

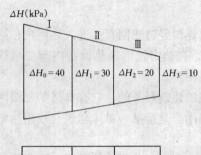

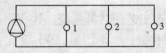

图 1-1　预定计划法简图

调节前，将热网上所有用户入口阀门关死，让供热系统处于停运状态。然后顺次（从离热源最远端或最近端开始）逐个开启热用户入口阀门。阀门的开度应满足：使其通过的流量等于预先计算出的流量。该流量不等于理想流量或设计流量，而称之为"启动流量"。

预定计划法的关键是各热用户启动流量的计算。当求出启动流量以后，在现场一边检测流量，一边调节热用户阀门，使其逐个满足其启动流量。各热用户在一定顺序下按启动流量全部启动后，供热系统就能在理想流量（或设计流量）下运行，完成初调节任务。

【例题 1-1】　某供热系统有 3 个热用户，循环水泵扬程为 40m，用户 1、2、3 设计流量皆为 80m³/h，压力降分别为 30mH₂O、20mH₂O 和 10mH₂O。试说明预定计划法的调节原理。

【解】　首先计算各管段及各用户的阻力系数（见表 1-1），然后顺次开启用户 3、2、1，计算其启动流量，见表 1-2。

阻力系数计算表　　　　　　表 1-1

管段及用户编号		流量 G' (m³/h)	压力降 ΔH (mH₂O)	阻力系数 $S=\Delta H/G^2$ 10⁻³mH₂O/(m³·h⁻¹)²
管段号	Ⅰ	240	10	0.17
	Ⅱ	160	10	0.39
	Ⅲ	80	10	1.56
用户号	1	80	30	4.69
	2	80	20	3.13
	3	80	10	1.56

预定计划法原理简单，但实用性较差。首先启动流量计算工作量很大（尤其热用户数量较多时），手工计算难度大，速度慢；其次要利用测流量的仪器，在调节前必须关闭所有阀门，这就限制该法只能在运行前进行，而不能在运行中采用，故实际使用不多。

序号	参数名称	计 算 过 程
		（一）开启热用户 3
1	热网及用户 3 总阻力系数	$S_0 = S_I + S_{II} + S_{III} + S_3$ $= 0.17 + 0.39 + 1.56 + 1.56$ $= 3.68$
2	用户 3 的启动流量	$G_3 = \sqrt{\Delta H_0 / S_0} = \sqrt{40/3.68 \times 10^{-3}} = 104$
3	用户 3 的启动系数	$a_3 = G_3 / G'_3 = 104/80 = 1.30$
		（二）开启热用户 2
1	用户 2 后的热网总阻力系数	$S_{2-3} = \Delta H_2 / G_{11}^2 = 20/160^2 = 0.78$
2	热网及用户 2、3 总阻力系数	$S_0 = S_I + S_{II} + S_{2-3}$ $= 0.17 + 0.39 + 0.78$ $= 1.34$
3	热网的总流量	$G_0 = \sqrt{\Delta H_0 / S_0} = \sqrt{40/1.34 \times 10^{-3}} = 173$
4	用户 2 的启动系数	$\alpha_2 = G_0 / (G'_2 + G'_3) = 173/160 = 1.08$
5	用户 2 的启动流量	$G_2 = \alpha_2 G'_2 = 1.08 \times 80 = 86$
		（三）开启热用户 1
1	用户 1 后的热网总阻力系数	$S_{1-3} = \Delta H_1 / G_1^2 = 30/240^2 = 0.52$
2	热网及用户 1、2、3 的总阻力系数	$S_0 = S_1 + S_{1-3}$ $= 0.17 + 0.52 = 0.69$
3	热网的总流量	$G_0 = \sqrt{\Delta H_0 / S_0} = \sqrt{40/0.69 \times 10^{-3}} = 240$
4	用户 1 的启动系数	$\alpha_1 = G_0 / (G'_1 + G'_2 + G'_3) = 240/240 = 1.00$
5	用户 1 的启动流量	$G_1 = \alpha_1 \cdot G'_1 = 1.00 \times 80 = 8$

2. 阻力系数法

阻力系数法的基本原理基于流量分配与阻力系数的关系。使用该法进行初调节时，要求将各热用户的启动流量和热用户局部系统的压力损失调整到一定比例，以便使其系数 S 达到正常工作时的理想值，即根据：

$$S = \Delta H / G^2 \qquad \text{mH}_2\text{O}/(\text{m}^3 \cdot \text{h}^{-1})^2$$

式中　G——热用户的理想流量，m^3/h；

　　　ΔH——热用户局部系统的压力降，mH_2O。

G 与 ΔH 值可根据供热系统原始资料和水力计算资料求得，因此 S 很容易算出。

阻力系数法看似容易，实用性也较差。实际操作的主要难点是：阻力系数 S 的理想值计算，需要反复测量其流量 G 和压力降 ΔH，反复调节阀门才能实现。故属于试凑法，现场操作繁琐、费时。

3. 比例法

由于前两种方法的缺陷，为适应初调节的需要，瑞典 TA 公司研制了平衡阀和智能仪表（信息微处理机），将二者配套使用，可以直接测量平衡阀前后压差和通过的流量。同时提出了比例法和补偿法。

比例法的基本原理基于当各热用户阻力系数一定时，系统上游端的调节，将引起各热用户流量成比例地变化。即当各热用户阀门未调节时，系统上游端的调节将使各热用户流量的变化遵循一致等比失调的规律。具体地说，如果两条并联管路中的水流量为某一比例（如 1:2），那末当总流量在 $\pm 30\%$ 范围内变化时，其流量比仍然不变（仍为 1:2）。

调节的基本方法是：（1）利用平衡阀测出各热用户流量，计算其失调度。（2）从失调度最大的区段调节起：（a）先从最末端用户开始，将其流量调至该区段失调度最小值；（b）以其为参考环路，逐一调节其他热用户，使各用户环路中的流量失调度分别接近为参考环路的失调度（每调一个用户，其值皆不同）；（c）调节区段总阀门使总流量等于理想流量。则该区段已调各用户流量均达到理想流量。

比例法原理简明，效果很好，但现场调节还是繁琐：首先必须使用两套智能仪表（与平衡阀联用），配备两组测试人员，通过报话机进行联络，核对数据，工作量较大；其次平衡阀重复测量次数过多，调节过程费时费力，但总体讲，由于有平衡阀、智能仪表作基础，这种方法使初调节在实际工作中的应用有了可能性。

4. 补偿法

补偿法是瑞典 TA 公司推荐的另一种方法。由于此法是依靠供热系统上游端平衡阀的调节，来补偿下游端因调节引起的系统阻力的变化，故称为补偿法。具体地说，为确保系统中已经平衡了的平衡阀处流量不受其他平衡阀调试的影响，必须保持其压降不变。办法是调试其他平衡阀时，用改变其上一级的平衡阀开度来保持已调试后阀的压降不变，但决不能改变已调试好的阀门开度。

调节的方法是：首先调整最不利（最远）用户平衡阀至设计流量值，并用智能仪表监测参考阀门处压降值，在调试上游方向平衡阀时，参考阀门压降会增大，这时可以通过调小上一级平衡阀开度的方法保持参考阀门压降不变，上一级平衡阀称为合作阀门。按照同样方法调整其他用户至设计流量。调节前应排除系统中的空气，并使全部平衡阀处于全开位置。

补偿法具有两个显著优点：（1）每个热用户的平衡阀只测量一次，因而比较节省人力；（2）平衡阀是在允许的最小压降下调节的，因此降低了供热系统循环水泵的扬程，节省了运行费用。

补偿法虽然同时需要两台智能仪表，三组操作人（最末端参考用户、待调用户和总平衡阀），通过报话机进行联络，当仪表、人力有限时具有一定困难；但该法准确、可靠，所以在欧洲一些国家使用相当普遍。

5. 计算机法

计算机法是中国建筑科学研究院空气调节研究所提出的，其特点是借助平衡阀和配套智能仪表测定用户局部系统的实际阻力特性系数。

其操作方法如下：（1）将用户平衡阀任意改变两个开度；（2）分别测试两种工况下的用户流量、压降以及平衡阀前后压降；（3）进而求出用户阻力特性系数，算出理想工况下用户平衡阀的理想阻力值及开度；（4）在现场直接调整平衡阀至要求的开度。

计算机法计算过程已编为程序，故计算比较方便；现场调节无次序要求，操作也较简便。不足之处是把平衡阀二次不同开度下支线总压降视为相等，与实际工况不符。当安装平衡阀的用户热入口与系统干、支线分支点相距较远时将引起较大误差。

6. 简易快速法

简易快速法是一种简单易行而实用的方法。其调节步骤如下：

（1）测量供热系统总流量，改变循环水泵运行台数或调节系统供、回水总阀门，使系统总过渡流量控制在总理想流量的120%左右。

（2）以热源为准，由近及远，逐个调节各支线用户。将最近的支线用户的过渡流量调至理想流量的80%～90%；将较近支线用户的过渡流量调至理想流量的85%～90%；将较远支线用户的过渡流量调至理想流量的90%～95%；将最远支线用户的过渡流量调至理想流量的95%～100%。

（3）当供热系统支线较多时，应在支线母管上安装调节阀此时仍按由近及远的原则，先调支线再调各支线的用户，过渡流量的确定方法同上。

（4）在调节过程中，如遇某支线或用户在调节阀全开时仍未达到要求的过渡流量，此时跳过该支线或用户，按既定顺序继续调节。等最后用户调节完毕后再复查该支线或用户的运行流量。若与理想流量偏差超过20%时，应检查，排除有关故障。

采用简易快速法时可安装各种类型的调节阀（平衡阀、调配阀）。流量测量应根据实际条件选用超声波流量计或智能仪表；当用户入口安装的是平衡阀（可以测流量），则可采用智能仪表；当用户入口安装的是手动流量调节阀或节流孔板，则可以采用绑在管道外壁上的超声波流量计来测流量。

采用简易快速调节方法，供热量的最大误差不超过10%。

第二节　热水供热系统的运行调节

一、概述

初调节可使管网上的各热用户流量按热负荷的大小实现均匀分配，从而使各用户室温基本一致，但初调节不能保证各用户在整个供暖季节随室外温度变化而维持室内设计温度。用户室温随流量 G 的增加、室外气温 t_w 的升高、耗热量 Q_1 的减少、采暖供水温度 t_g 升高而提高。因此，为使用户室温达到设计要求，在系统运行前进行初调节之后，还应在整个采暖季节随室外气温 t_w 的变化，适时地对供水温度 t_g、流量 G 等进行调节，即称为供热系统的运行调节。

热水供热系统的运行调节，首先要注意热源（热电站或锅炉房）与外部管网的连接方式以及外部管网与热用户的连接方式，是直接连接还是间接连接方式。

此外，若属于基本负荷热源同尖峰负荷热源联合供热的情况，则需要更复杂的综合调节手段。

二、运行调节的基本公式

当热水网路在稳定状态下运行时,如果忽略管网沿途热损失,则网路的供热量 Q_3、散热设备散热量 Q_2 与建筑物耗热量 Q_1 相等。由此可以推出运行调节的基本公式

$$t_g = t_n + \frac{1}{2}(t'_g + t'_h - 2t'_n)\left(\frac{t_n - t_w}{t_n - t'_w}\right)^{\frac{1}{1+\beta}} + \frac{1}{2\overline{G}}(t'_g - t'_h)\left(\frac{t_n - t_w}{t_n - t'_w}\right) \quad (1\text{-}1)$$

$$t_h = t_n + \frac{1}{2}(t'_g + t'_h - 2t'_n)\left(\frac{t_n - t_w}{t_n - t'_w}\right)^{\frac{1}{1+\beta}} - \frac{1}{2\overline{G}}(t'_g - t'_h)\left(\frac{t_n - t_w}{t_n - t'_w}\right) \quad (1\text{-}2)$$

式中　t_g——供水温度,℃;

　　　t_h——回水温度,℃;

　　　t_n——室内温度,℃;

　　　t_w——室外温度,℃;

　　　$\overline{G}$——相对流量,G/G';

　　　β——散热器的散热指数,一般 $0.14\sim0.37$(柱型散热器可取 0.30)。

公式中带有上角标"′"的参数为设计工况下的,不带上角标的为任意温度 t_w 下的参数。

公式(1-1)和(1-2)给出供热系统在一定流量下,一级热网供回水温度室外气温的变化关系。供热系统就是根据上述关系式进行调节的。

同时,为便于分析计算,假设供暖热负荷与室内外温差的变化成正比,即把供暖热指标视为常数。(但实际上,由于室外的风速和风向,特别是太阳辐射热的变化与室内外温差无关,因此这个假设会有一定误差。如不考虑这个误差的影响)。则有:

相对供暖热负荷比　$\overline{Q} = \dfrac{t_n - t_w}{t_n - t'_w} = \dfrac{(t_g + t_h - 2t_n)^{1+\beta}}{(t'_g + t'_h - 2t_n)^{1+\beta}} = \dfrac{t_g - t_h}{t'_g - t'_h} \cdot \overline{G}$　　(1-3)

改写公式(1-1)和(1-2),有

$$t_g = t_n + 0.5(t'_g + t'_h - 2t_n)\overline{Q}^{\frac{1}{(1+\beta)}} + 0.5(t'_g - t'_h) \cdot \overline{Q}/\overline{G}$$

$$= t_n + \Delta t'_s \overline{Q}^{\frac{1}{1+\beta}} + 0.5\Delta t'_j \overline{Q}/\overline{G} \quad (1\text{-}4)$$

$$t_h = t_n + 0.5(t'_g + t'_h - 2t_n)\overline{Q}^{\frac{1}{(1+\beta)}} - 0.5(t'_g - t'_h) \cdot \overline{Q}/\overline{G}$$

$$= t_n + \Delta t'_s \overline{Q}^{\frac{1}{1+\beta}} - 0.5\Delta t'_j \overline{Q}/\overline{G} \quad (1\text{-}5)$$

式中　$\Delta t'_s = 0.5(t'_g + t'_h - 2t_n)$——用户散热器的设计平均计算温差,℃;

　　　$\Delta t'_j = t'_g - t'_h$——用户的设计供回水温度差,℃。

温差　　　　　$t_g - t_h = (t'_g - t'_h) \cdot \overline{Q}/\overline{G} = \Delta t'_j \cdot \overline{Q}/\overline{G}$　　　　(1-6)

在某一室外温度 t_w 时,如要保持室温 t_n 不变,求解公式(1-4)和(1-5)时须知道 $\overline{Q}$、$\overline{G}$ 之一,因此需要引进补充条件。所谓补充条件,就取决于我们将要选定的调节方法。

三、集中运行调节的方法

在热源处(热电厂或供热锅炉房)对供回水温度、流量随室外气温变化而进行的调节

称为集中运行调节，调节方法主要有四种：质量调节、流量调节、分阶段改变流量的质调节和间歇调节。下面将分别介绍。

（一）质量调节（质调节）

在整个采暖季节，只改变供暖系统的供水温度 t_g，而维持系统循环水量不变，即 $\overline{G}=1.0$，该方法称为集中质调节。

把 $\overline{G}=1.0$ 代入公式（1-4）、（1-5）

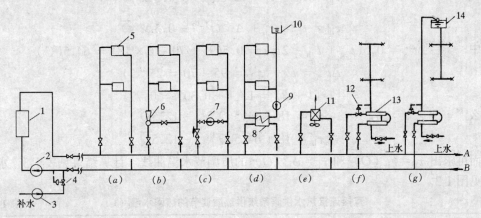

图 1-2　双管闭式热水供热系统示意图

（a）无混合装置的直接连接；（b）装水喷射器的直接连接；（c）装混合水泵的直接连接；

（d）供暖热用户与热网的间接连接；（e）通风热用户与热网的连接；（f）无储水箱的连接方式；

（g）装设上部储水箱的连接方式

1—热源的加热装置；2—网路循环水泵；3—补给水泵；4—补给水压力调节器；5—散热器；6—水喷射器；

7—混合水泵；8—表面式水-水换热器；9—供暖热用户系统的循环水泵；10—膨胀水箱；11—空气加热器；

12—温度调节器；13—水-水式换热器；14—储水箱

1. 对无混水装置的直接连接的热水供暖系统（见图 1-2（a））

$$\tau_g = t_g = t_n + 0.5(t'_g + t'_h - 2t_n)\overline{Q}^{\frac{1}{1+\beta}} + 0.5(t'_g - t'_h) \cdot \overline{Q} \qquad (1-7)$$

$$\tau_h = t_h = t_n + 0.5(t'_g + t'_h - 2t_n)\overline{Q}^{\frac{1}{1+\beta}} - 0.5(t'_g - t'_h) \cdot \overline{Q} \qquad (1-8)$$

或写成下式

$$\tau_g = t_g = t_n + \Delta t'_s \overline{Q}^{\frac{1}{1+\beta}} + 0.5\Delta t'_j \overline{Q} \qquad (1-9)$$

$$\tau_h = t_g = t_n + \Delta t'_s \overline{Q}^{\frac{1}{1+\beta}} - 0.5\Delta t'_j \overline{Q} \qquad (1-10)$$

2. 对带混水装置的直接连接的热水供暖系统

如用户或热力站处设置水喷射器或混合水泵（见图 1-2（b）、（c）），则 $\tau_g > t_g$，$\tau_h = t_h$ 此时随 t_w（表现为 Q）的变化关系式

$$\tau_g = t_n + \Delta t'_s \overline{Q}^{\frac{1}{1+\beta}} + (\Delta t'_w + 0.5\Delta t'_j) \cdot \overline{Q} \qquad (1-11)$$

$$\tau_h = t_n + \Delta t'_s \overline{Q}^{\frac{1}{1+\beta}} - 0.5\Delta t'_j \overline{Q} \qquad (1-12)$$

式中　$\Delta t'_w = \tau'_g - t'_g$——网路与用户系统的设计供水温度差，℃。

根据式（1-9）、（1-10）和（1-11）、（1-12），可绘制质调节的水温曲线。

【例题 1-2】 试计算设计水温为 95℃/70℃ 和 130℃/95℃/70℃ 的热水供暖系统，不采用质调节时，$\tau_g = \varphi(\overline{Q})$、$\tau_h' = \psi(\overline{Q})$ 的水温调节曲线；地点为哈尔滨，供暖室外计算温度为 -26℃，求在室外温度 $t_w' = -15$℃ 的供、回水温度。取室温 $t_n = 18$℃。

【解】 （1）对 95℃/70℃ 热水供暖系统，根据式（1-9）、（1-10）

$$\tau_g = t_g = t_n + \Delta t_s' \overline{Q^{\frac{1}{1+\beta}}} + 0.5\Delta t_j' \overline{Q}$$

$$\tau_h = t_h = t_n + \Delta t_s' \overline{Q^{\frac{1}{1+\beta}}} - 0.5\Delta t_j' \overline{Q}$$

其中
$$\Delta t_s' = 0.5(t_g' + t_h' - 2t_n) = 0.5(95 + 70 - 2 \times 18) = 64.5(℃)$$

$$\Delta t_j' = t_g' - t_h' = 95 - 70 = 25(℃)$$

$$1/(1+\beta) = 1/(1+0.30) = 0.77$$

那么
$$\tau_g = 18 + 64.5\,\overline{Q}^{0.77} + 12.5\overline{Q}$$

$$\tau_h = 18 + 64.5\,\overline{Q}^{0.77} - 12.5\overline{Q}$$

从而可求出 $\tau_g = \phi_1(\overline{Q})$ 和 $\tau_h = \psi_1(\overline{Q})$ 的质调节水温曲线。计算结果见表 1-3，水温曲线见图 1-3。

直接连接热水供暖系统供热质调节的热网水温（℃） 表 1-3

系统型式与设计参数	带混水装置的供暖系统				无混水装置的供暖系统					
	110℃ 95℃/70℃	130℃ 95℃/70℃	150℃ 95℃/70℃	$\tau_h' = 70$℃	95℃/70℃		110℃/70℃		130℃/80℃	
$\overline{Q}$	τ_g	τ_g	τ_g	τ_h	τ_g	τ_h	τ_g	τ_h	τ_g	τ_h
0.2	42.2	46.2	50.2	34.2	39.2	34.2	42.9	34.9	48.2	38.2
0.3	51.8	57.8	63.8	39.8	47.3	39.8	52.5	40.9	59.9	44.9
0.4	60.9	68.9	76.9	44.9	54.9	44.9	61.6	45.6	71.0	51.0
0.5	69.6	79.6	89.6	49.6	62.1	49.6	70.2	50.2	81.5	56.5
0.6	78.0	90.0	102.0	54.0	69.0	54.0	78.6	54.6	91.7	61.7
0.7	86.3	100.3	114.3	58.3	75.8	58.3	86.7	58.7	101.6	66.6
0.8	94.3	110.3	126.3	62.3	82.3	62.3	94.6	62.6	111.3	71.3
0.9	102.2	120.2	138.2	66.2	88.7	66.2	102.4	66.4	120.7	75.7
1.0	110	130	150	70	95	70	110	70	130	80

对哈尔滨市（$t_w' = -26$℃），室外温度 $t_w = -15$℃ 时的相对供暖热负荷 $\overline{Q}$ 为

$$\overline{Q} = \frac{t_n - t_w}{t_n - t_w'} = \frac{18 - (-15)}{18 - (-20)} = 0.75$$

代入上两式，可求得

$\tau_g = 79.1$℃；$\tau_h = 60.3$℃

（2）对带混水装置的热水供暖系统（130℃/95℃/70℃），根据式（1-11）、（1-12）

$$\tau_g = t_n + \Delta t_s' \cdot \overline{Q^{\frac{1}{1+\beta}}} + (\Delta t_w' + 0.5\Delta t_j') \cdot \overline{Q}$$

$$\tau_h = t_n + \Delta t_s' \cdot \overline{Q^{\frac{1}{1+\beta}}} - 0.5\Delta t_j' \cdot \overline{Q}$$

其中
$$\Delta t_w' = t_g' - t_h' = 130 - 95 = 35(℃)$$

那么 $\tau_g = 18 + 64.5 \overline{Q}^{0.77} + 47.5\overline{Q}$

$\qquad \tau_h = 18 + 64.5 \overline{Q}^{0.77} - 12.5\overline{Q}$

从而可求出 $\tau_g = \phi_2$ (Q) 和 $\tau_h = \psi_2$ (Q) 的质调节水温曲线，计算结果见表1-3，水温曲线见图1-3。

对哈尔滨市，将 $Q = 0.75$ 代入上两式，可求得 $\tau_g = 105.3℃$；$\tau_h = 60.3℃$。

从上述的供热质调节公式可见，热网的供回水温度 τ_g、τ_h 是 Q 的单值函数。表1-3给出不同设计供回水参数的系统的 $\tau_g = \phi$ (Q) 和 $\tau_h = \psi$ (Q) 值。

3. 对间接连接供热系统，当热水网路（一级网）同时也采用质调节时，引进补充条件 $\overline{G} = 1$，可得出供热质调节的基本公式

$$\overline{Q} = \frac{\tau_g - \tau_h}{\tau'_g - \tau'_h} = \frac{t_g - t_g}{t'_g - t'_h} \quad (1\text{-}13)$$

$$\overline{Q} = \frac{(\tau_g - t_g) - (\tau_h - t_g)}{\Delta t' \cdot \ln\dfrac{\tau_g - t_g}{\tau_h - t_h}} \quad (1\text{-}14)$$

式中 $\overline{Q}$——在室外温度 t_w（运行工况）时的相对供暖热负荷比；

τ'_g、τ'_h——网路（一级网）的设计供、回水温度，℃；

τ_g、τ_h——网路在室外温度 t_w 时的供、回水温度，℃；

$\Delta t'$——设计工况下，水-水换热器的对数平均温差，℃；

$$\Delta t' = \frac{(\tau'_g - t'_g) - (\tau'_h - t'_h)}{\ln\dfrac{\tau'_g - t'_g}{\tau'_h - t'_h}} \quad ℃$$

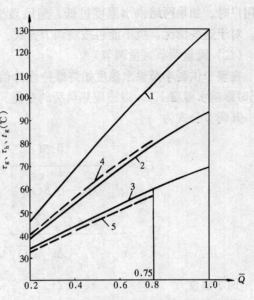

图1-3 按供暖热负荷进行供热质调节的水温调节曲线图

1—130℃/95℃/70℃热水供暖系统，网路供水温度 τ_1 曲线；2—130℃/95℃/70℃的系统，混水后的供水温度 t_g 曲线；或95℃/70℃的系统，网路和用户的供水温度 $\tau_1 = t_g$ 曲线；3—130℃/95℃/70℃和95℃/70℃的系统，网路和用户的回水温度，$\tau_2 = t_h$ 曲线；4、5—95℃/70℃的系统，按分阶段改变流量的质调节的供水温度（曲线4）和回水温度（曲线5）

在某一室外温度 t_w 下，上两式 (1-13)、(1-14) 中 $\overline{Q}$、$\Delta t'$、τ'_g、τ'_h 为已知值，t_g 及 t_h 值可由质调节计算公式 (1-7)、(1-8) 确定。通过联立求解，即可确定热水网路采用质调节的相应 τ_g、τ_h 值。

集中质调节的优点是操作简便，只需在热源处改变网路的供水温度，网路循环水量保持不变，网路的水力工况稳定。对于热电厂供热系统，由于网路供水温度随室外温度升高而降低，可以充分利用供热汽轮机的低压抽汽，从而有利于提高热电厂的经济性，节约燃料。所以该调节方式是目前最为广泛采用的供热调节方式。

但由于在整个供暖期中，网路循环量保持不变，故消耗电能较多；同时，对于有多种热用户的热水供热系统，在室外温度较高时，如仍按质调节供热往往难以满足其它热负荷的要求。例如，对连接有热水供应用户的网路，供水温度就不应低于70℃；对连接有通

风用户时，如果网路供水温度过低，通风系统的送风温度也低，会产生吹冷风的不舒适感。对于这些情况，就不能再按质调节方式，而需采其它的调节方式。

（二）流量调节（量调节）

在整个供暖季节供水温度始终维持设计值不变，即 $t_g = t'_g$。仅调节供热系统流量 G（同时影响水温度 t_h），以适应热负荷的变化，这种调节称为集中量调节。

其调节公式为

$$G = \frac{0.5(t'_g - t_h)\left(\frac{t_n - t_w}{t_n - t'_w}\right)}{t'_g - t_n - 0.5(t'_g + t'_h - 2t'_n)\left(\frac{t_n - t_w}{t_n - t'_w}\right)^{\frac{1}{1+\beta}}}$$

$$= \frac{0.5\Delta t'_j \cdot \overline{Q_j}}{t'_g - t_n - \Delta t'_s \cdot \overline{Q}^{\frac{1}{1+\beta}}} \qquad (1\text{-}15)$$

回水温度 $\qquad t_h = 2t_n - t'_g + 2\Delta t'_s \cdot \overline{Q}^{\frac{1}{1+\beta}} \qquad (1\text{-}16)$

集中量调节的优点是省电。缺点是操作较复杂，需要采用无级调速的热网循环水泵，目前这种类型的水泵价格较高；其次是热网流量过小时，会对用户的流量分配产生一定影响，容易造成用户的垂直热力失调。

（三）分阶段改变流量的质调节

也称分段质调节。这种方法是在供暖期中按室外温度高低分成几个阶段，在室外温度较低的阶段中，保持最大或较大的流量；而在室外温度较高的阶段中，保持较小或最小的流量。在每一阶段内，网路的循环水量始终保持不变而采用改变供水温度的质调节。这里应注意与质量—流量调节的区别，质量—流量调节是同时改变供水温度和流量的局部调节手段。

令相对流量 $\overline{G} = \varphi$（常数），将其代入运行调节公式（1-4）和（1-5）。

1. 对无混水装置的直接连接的热水供暖系统

$$\tau_g = t_g = t_n + \Delta t'_s \cdot \overline{Q}^{\frac{1}{1+\beta}} + 0.5/\varphi \cdot \Delta t'_j \overline{Q} \qquad (1\text{-}17)$$

$$\tau_h = t_h = t_n + \Delta t'_s \cdot \overline{Q}^{\frac{1}{1+\beta}} - 0.5/\varphi \cdot \Delta t'_j \cdot \overline{Q} \qquad (1\text{-}18)$$

2. 对带混水装置的直接连接的热水供暖系统

$$\tau_g = \tau_n + \Delta t'_s \cdot \overline{Q}^{\frac{1}{1+\beta}} + 1/\varphi \cdot (\Delta t'_w + 0.5\Delta t'_j) \cdot \overline{Q} \qquad (1\text{-}19)$$

$$\tau_g = \tau_n + \Delta t'_s \cdot \overline{Q}^{\frac{1}{1+\beta}} + 1/\varphi \cdot (\Delta t'_w + 0.5\Delta t'_j) \cdot \overline{Q} \qquad (1\text{-}20)$$

式中符号意义同前面公式

根据水泵的流量、扬程、功率的关系

$$\frac{G_1}{G} = \sqrt{\frac{H_1}{H}} = \sqrt[3]{\frac{N_1}{N}} \qquad (1\text{-}21)$$

对于采暖期不太长的中小型热水网，一般分为两阶段，可选用两组（台）不同规格的循环水泵：其中一组（台）水泵的流量按设计值的100%考虑，另一组（台）水泵的流量按70%～80%（如75%）考虑。则其相应有水泵扬程为设计值的100%、56%；其相应的电机功率为设计值的 100%、42%。

对于采暖期较长的大型热水网，则可分为三个阶段，而选用三组（台）不同规格的循环水泵：流量分别为设计值的 100%、80%、60%；则其相应的水泵扬程分别为设计值的 100%、64%、36%；其相应的电机功率为设计值的 100%、51%、22%。

由于分阶段改变流量的质调节综合了质调节和量调节的优点，既能省电，又能减缓热力工况失调。因此，该调节方法在区域锅炉房热水供热系统中得到广泛的应用。

具体计算方法如下：

热水网供回水温度可直接由公式（1-1）、（1-2）或（1-4）、（1-5）求出，此时取 $\overline{G} = 0.75$（二阶段）或 0.80、0.60（三阶段），并可用试算法在令 $t_{g}o$ 为分段边界温度条件下求出相应的室外温度 t_{w}，这样可决定启动各分段循环水泵的时刻。

另外在调节时要考虑热水网管线长度，即要考虑调节后热水到达用户的时间，这段时间就是调节必须提前的时间。

对直接连接的供暖用户系统，采用此调节方式时，应注意不要使进入供暖系统的流量小于设计流量的 60%，即 $\varphi = \overline{G} \geqslant 0.60$。如流量过少，对双管供暖系统，由于各层的重力循环作用，压头的比例差增大，会引起用户系统的垂直失调。对单管供暖系统，由于各层散热器传热系数 K 值变化程度不一致的缘故，也同样会引起垂直失调。

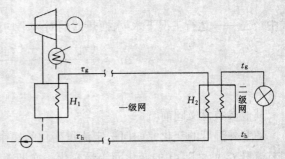

图 1-4　二级网路供热系统图

3. 热水网与用户间接连接

当前的热水网由于热电站补水量太大，多趋向于采用间接连接，也就是二环网，如图 1-4 所示。

间接连接系统的二级网的循环水量一般保持不变而采用质调节，以分段式水-水换热器加热。

1）一级网采用分阶段改变流量的质调节时，一级网的循环水量可按下式求出

$$\overline{G}^{0.5} = \frac{\Delta t}{\Delta t'} \cdot \frac{\tau'_g - \tau'_h}{\tau_g - \tau_h} \tag{1-22}$$

式中　Δt——在运行工况 t_n 时，水-水换热器的对数平均温差，℃；

$$\Delta t = \frac{(\tau_g - t_g) - (\tau_h - t_h)}{\ln \dfrac{\tau_g - t_g}{\tau_h - t_h}}$$

$\Delta t'$——设计工况下水-水换热器的对数平均温差，℃；

$$\Delta t' = \frac{(\tau'_g - t'_g) - (\tau'_h - t'_h)}{\ln \dfrac{\tau'_g - t'_g}{\tau'_h - t'_h}}$$

t_g、t_h——二级网供回水温度，℃，由公式（1-7）、（1-8）计算。

将各阶段的相对流量比 $\overline{G}$ 及 t_g、t_h 代入，用试算法即可求出 τ_g、τ_h 值。

2）一级网采用质量—流量调节时，由于用户系统与热水网路间接连接，水力工况互不影响，热水网路可采用质量—流量调节，即同时改变供水温度 τ_g 和流量 G 的调节手段。

热水网路（一级网）的参数符合如下调节公式：

$$\overline{Q} = \overline{G} \cdot \frac{\tau_g - \tau_h}{\tau'_g - \tau'_h} \tag{1-23}$$

$$\overline{G}^{0.5} = \frac{\Delta t}{\Delta t'} \cdot \frac{\tau'_g - \tau'_h}{\tau_g - \tau_h} \tag{1-24}$$

$$\overline{G}^{0.5} = \frac{(\tau_g - t_g) - (\tau_h - t_h)}{\Delta t' \cdot \ln \dfrac{\tau_g - t_g}{\tau_h - t_h}} \tag{1-25}$$

式中　Δt——运行工况下水-水换热器的对数平均温差，℃；

$$\Delta t = \frac{(\tau_g - t_g) - (\tau_h - t_h)}{\ln \dfrac{\tau_g - t_g}{\tau_h - t_h}} \quad ℃$$

其他参数意义同前。

随室外温度的变化，如何选定流量变化的规律是一个优化调节方法的问题，目前采用调节流量 G 使之随 Q 的变化而等量变化，亦即人为地增加一个补充条件，使得 $\overline{G} = \overline{Q}$。

联立公式（1-20），得 $\tau_g - \tau_h = \tau'_g - \tau'_h = \text{const}$ (1-26)

联立公式（1-22）和 1-24），因为在某一 t_w 下，$\overline{Q}$、$\Delta t'$、t'_1、τ'_2 均为已知值，t_g 和 t_h 仍由公式（1-7）、（1-8）确定。可以求得 τ_g 和 τ_h 值。

采用质量—流量调节方法，网路流量随供暖热负荷的减少而减小，可以大量节省网路循环水泵的电能消耗。但在系统中需设置变速循环水泵和配置相应的自控设施（用于控制网路供、回水温差恒定，控制变速水泵转速等），才能达到满意的运行效果。

【例题 1-3】　哈尔滨市热水供暖系统，设计供回水温度 $\tau'_g = 95℃$，$\tau'_h = t'_h = 70℃$。采用分阶段改变流量的质调节。室外温度从 $-15℃$ 到 $-26℃$ 为一个阶段，水泵流量为 100% 的设计流量；从 $+5℃$ 到 $-15℃$ 为一个阶段，水泵流量为 75% 的设计流量，试绘制水温调节曲线图，并与 95℃/70℃ 的系统采用质调节的水温调节曲线相对比。

【解】　1. 室外温度 $t_w = -15℃$ 时，相应的相对供暖热负荷 $\overline{Q} = \dfrac{18 - (-15)}{18 - (-26)} = 0.75$

从 $t_w = -15℃$（$\overline{Q} = 0.75$）到 $t'_w = -26℃$（$\overline{Q} = 1$）的这个阶段，流量采用设计流量 $\overline{G} = 1$，此阶段内采用水温质调节。供回水温度数据与［例题 1-2］相同。（见表 1-3）

2. 开始供暖的室外温度 $t_w = +5℃$，相应的 $\overline{Q} = \dfrac{18 - 5}{18 - (-26)} = 0.30$

从开始供暖的室外温度 $t_w = +5℃$（$\overline{Q} = 0.30$）到 $t_w = -15℃$（$\overline{Q} = 0.75$）的这个阶段，流量为设计流量的 75%，即 $\varphi = \overline{G} = 0.75$，将 $\varphi = 0.75$ 代入式（1-17）、（1-18），并将 $\Delta t'_s = 64.5℃$、$\Delta t'_j = 25℃$、$1/(1+\beta) = 0.77$ 等值代入，可得出此阶段 $\tau_g = \varphi (\overline{Q})$

和 $\tau_h = \psi(\overline{Q})$ 的关系式

$$\tau_g = 18 + 64.5\overline{Q}^{0.77} + 16.67\overline{Q} \quad ℃$$

$$\tau_h = 18 + 64.5\overline{Q}^{0.77} - 16.67\overline{Q} \quad ℃$$

计算结果列于表 1-3，水温调节曲线见图 1-3。

3．两种调节方法的供、回水温度有如下关系

$$t_{g.f} = \left(\frac{1+\overline{G}}{2\overline{G}}\right) \cdot t_g - \left(\frac{1-\overline{G}}{2\overline{G}}\right) \cdot t_h \quad ℃ \tag{1-27}$$

$$t_{h.f} = \left(\frac{1+\overline{G}}{2\overline{G}}\right) \cdot t_g - \left(\frac{1-\overline{G}}{2\overline{G}}\right) \cdot t_h \quad ℃ \tag{1-28}$$

式中　t_g、t_h——在某一室外温度 t_w 下，采用质调节的供、回水温度，℃；

$t_{g.f}$、$t_{h.f}$——在同一室外温度 t_w 下，采用分阶段改变流量的质调节的供、回水温度，℃；

$\overline{G}$——相对流量比，$\overline{G} = G_f/G$。

通过上述分析可见，采用分阶段改变流量的质调节，与纯质调节相比，由于流量减少，网路的供水温度升高，回水温度降低，供回水温差增大。但从散热器放热的热平衡来看，散热器的平均温度应保持相等，因而供暖系统供水温度的升高和回水温度降低的数值是相等的。

（四）间歇调节

当室外温度升高时，不改变网路的循环水量和供水温度，只减少每天供暖时间，这种调节方式称为间歇调节。

间歇调节和目前国内广泛采用的"间歇供暖"制度有着根本的区别。间歇调节指在设计室外温度下为连续供暖，只有当室外温度升高时才减少时间；而间歇供暖指不论室外温度高低，每天只供暖 $12\sim16h$，间歇供暖的取决条件是热源系统的供热能力。

在室外温度较高的供暖初期和末期，间歇调节可以作为一种辅助的调节措施，网路每天工作总时数 n 随室外温度的升高而减少，它可按下式计算：

$$n = 24\frac{t_n - t_w}{t_n - t''_w} \quad h/d \tag{1-29}$$

式中　t_w——间歇运行时的某一室外温度，℃；

t''_w——开始间歇调节时的室外温度（相应于网路保持的最低供水温度），℃。

【例题 1-4】　对于［例题 1-2］哈尔滨市 130℃/95℃/70℃ 的热水网路上联接有供暖和热水供应用户系统，采用集中质调节供热。试确定室外温度 $t_w = +5℃$ 时，网路的每日工作时间。

【解】　对连接有热水供应用户的热水供热系统，网路供水温度不得低于 70℃，以保证换热器将生活热水加热至 60～65℃。

根据［例题 1-2］的计算公式

$$\tau_g = 18 + 64.5\overline{Q}^{0.77} + 47.5\overline{Q}$$

由上式反算出当 $\tau_g = 70℃$ 时的 $\overline{Q}$ 值（用试算法），得到 $\overline{Q} = 0.41$。

再由 $\overline{Q} = \dfrac{t_n - t_w}{t_n - t'_w} = \dfrac{18 - t_w}{18 - (-19)} = 0.41$，求得 $t_w = 2.83$（℃）。

因此当室外温度 $t_w = 2.83℃$ 时，它开始进行间歇调节。

当 $t_w = +5℃$ 时，网路的每日工作时间为

$$n = 24\frac{t_n - t_w}{t_n - t''_w} = 24 \times \frac{18-5}{18-2.83} = 20.6 \qquad (h/d)$$

应注意的是，当采用间歇调节时，为使网路远端和近端的用户通过热媒的时间接近，在区域锅炉房的锅炉压火后，网路循环水泵应继续运转一段时间，以便热媒从离热源最近的热用户流至最远的热用户。所以，网路循环水泵的实际小时数应比由式（1-29）的计算值大一些。

第三节　调节阀及其选择计算

一、调节阀的作用及类别

为了保证送入供暖系统、热水供应系统和工艺设备的热介质参数（流量、温度、压力）达到规定值，并使热力站和系统设备在额定工况下运行，防止热力站、热网和局部系统发生事故，需在供热系统内装设调节阀。

（一）作用

1. 保持供暖系统回水管中具有一定的最小压力，可借助阀前压力调节器来实现。

2. 保持局部系统的热网水流量相对稳定，可借助平衡阀或流量调节器来实现。

3. 防止热网压力过高，可借助阀后压力调节器来实现。

4. 保持热水供应系统一定的水温，可借助温度调节器来实现。

调节阀不同于以往惯用的闸阀、截止阀，后者调节性能很差，实际上只能起关断作用。而理想流量特性为线性特性和等百分比特性的阀门才称为调节阀，在供热系统的设计、安装、运行中，要正确选择合理的调节阀型号和口径，才能达到预期的调节效果。

（二）类别

根据驱动的动力不同，调节阀可分为两类：一类是工作时不依赖外界动力的调节阀（自力式调节阀）；另一类是工作时依赖外界动力的调节阀（手动、气动、电动与液压等非直接作用式调节阀）。

自力式调节阀结构简单、运行可靠，广泛应用于中小型热力站内，以保持水压或流量恒定，但灵敏度略低。

非直接作用式调节阀常用于动态特性较复杂的自动调节对象。可以保证较宽的调节范围，并可采用反馈与多信号调节。

二、调节阀产品简介

1. 手动流量调节阀

在供热系统的初调节和运行调节中，流量调节是十分重要的，这主要依靠热用户入口供回水干管处的流量调节装置完成。手动流量调节阀是一种简单、可靠、易行的调节装置。其价格比同口径截止阀高 30% 左右。

手动流量调节阀的生产厂家较多，产品型号有：T40H-16 型（法兰接口，口径 $DN25\text{-}DN300$，工作压力 1.6MPa）；T10H-16（丝接口，口径 $DN15 \sim DN50$，工作压力 1.6MPa）（如辽宁省大连庄河县阀门厂）。该阀为直杆升降式结构。阀杆、阀芯为不锈钢

制成，阀上有开度指针，兼有关断能力，汽、水管道上均可使用。

2．平衡阀

液体平衡阀是我国生产不久的一种新型阀门，可安装在用户引入口的供回水管道上，也可装在热网分支环路上。

平衡阀有三项功能：调节流量；直观测定压差；关断。

采用平衡阀的水管路系统，可以按设计工况进行流量调节。其调节性能比手动调节阀好，具有等百分比调节性能，阀门进出口侧设有供测压力差的接头旋塞阀。

产品型号有 P18F-16（丝接口，口径 $DN15 \sim DN40$，工作压力 1.6MPa）；P48F-16（法兰接口，口径 $DN50 \sim DN200$，工作压力 1.6MPa）（沈阳市华松阀门厂）。阀杆、阀芯为不锈钢、青铜，阀体为铸铁、青铜、密封圈为 F-4。阀芯两侧装有两个测压孔，用来测量压力、压差和流量。该阀体积小，结构紧凑，性能良好，有锁紧装置。

中国建筑科学研究院空气调节研究所研制生产的平衡阀，分为三种形式：$DN15 \sim DN50$ 为丝接口；$DN65 \sim DN50$ 为截止阀阀体的法兰连接；$DN200 \sim DN600$ 以上采用对夹式蝶阀阀体。前后设测压段及阻力单元，功能同斜杆式平衡阀。

此外尚有型号 PH15F-10 或 PH15F-16（内丝连接，$DN15 \sim DN40$）及 PH45F-10 或 PH45F-16（法兰连接，$DN50 \sim DN400$）等系列产品。

3．蝶阀

型号为 D71X-16，有天津塘沽阀门厂，北京天竺阀门厂，沈阳良工阀门厂和华松阀门厂等厂生产。为旋转式结构，在 90°的旋转范围内阀门由全关至全开。阀杆为不锈钢；阀体和阀板为灰铸铁、不锈钢；O 形圈为硅橡胶。该阀为对夹式连接，口径为 $DN40 \sim DN600$。具有体积小、价格便宜、性能较好等优点。北京天竺阀门厂生产的 D71H 除有上述性能外，采用金属弹性硬密封，具有长久密封可靠性。

4．调配阀

由清华同方人工环境工程公司研制生产的调配阀，型号为 RHV，口径为 $DN25 \sim DN200mm$，其基本结构如图 1-5 所示。该阀为斜杆、直通、单座。阀体为灰口铸铁，其他材料皆为黄铜。口径小于等于 $DN40mm$ 为螺纹连接，大于等于 $DN50mm$ 的为法兰连接。公称压力 1.6MPa。用于测量和调节流量。有锁紧装置。阀门的一致性较好，一般在 10% 以内。其理想流量特性如图 1-6 所示，在小开度下接近等百分比特性；大开度时为线性流量特性（详见后叙）。

三、调节阀特性

调节阀特性指调节阀的流量特性和阻力特性。前者反映调节阀的调节性能，后者则表示调节阀的流通能力。

1．理想流量特性

一般说来，改变调节阀的阀芯与阀座之间的节流面积，便可调节流量。但实际上由于各种因素的影响，在节流面积变化的同时，还会发生阀前阀后压差的变化，而压差的变化也会引起流量的变化。为了分析上的方便，先研究阀前阀后压差固定不变的理想情况，然后再研究阀前阀后压差变化的工作情况。因此，流量特性有理想流量特性和工作流量特性两个概念。

调节阀的水力特性也遵循

$$\Delta H = SG^2$$

式中　ΔH——阀前后压降；

　　　G——通过调节阀的流量；

　　　S——调节阀的阻力特性系数。

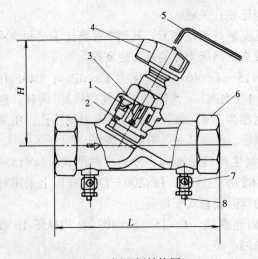

图 1-5　调配阀结构图

1—阀杆；2—阀芯；3—定位杆；4—手轮；

5—搬手；6—阀体；7—针阀；8—针阀杆

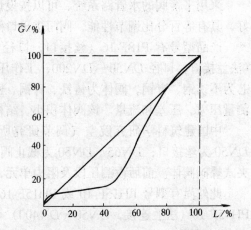

图 1-6　调配阀理想流量曲线

按照理想流量特性的定义，就是在上式中保持 ΔH 固定不变，只研究阀的阻力特性系数 S（或阀的开度 L）与流量之间的单一关系。因阻力系数 S 完全决定于阀的结构本身，而与调节阀在系统中的水力影响无关。因此，理想流量特性是调节阀自身的固有特性，它直接反映了调节阀的调节特性。

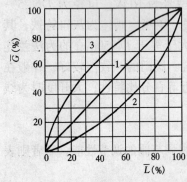

图 1-7　理想流量特性

按理想流量特性的不同，大体上可将阀门分为三类：线性流量特性、等百分比流量特性和快开流量特性。

若以阀门全开时的开度为 L'、流量为 G'，则图 1-7 给出了三种类型的理想流量特性曲线。横坐标为阀门相对开度 $\overline{L}$，即任意开度 L 与全开开度 L' 比值；纵坐标为相对流量 $\overline{G}$，即任意开度下的流量 G 与全开流量 G' 的比值。图中曲线①为线性流量特性曲线；②为等百分比流量特性曲线；③为快开流量特性曲线。

曲线①实际上是一条直线，表明调节阀的相对流量 $\overline{G}$ 与相对开度 $\overline{L}$ 成线性（直线）关系。即当调节阀从小逐渐开大时，流量增加的百分比（与全开时相比较）和调节阀开度增加的百分比相同。也就是说，当调节阀开度从 50% 开大到 60% 时，流量也从 50% 增加到 60%。这种调节阀的特点，是在小开度下流量的变化量大；在大开度下流量的变化量小。若以 dG 表示流量的变化量，则不同开度下的调节值不同：

$$dG_{50-60} = \frac{60-50}{50} \times 100\% = 20\%$$

$$dG_{80-90} = \frac{90-80}{80} \times 100\% = 12.5\%$$

$$dG_{10-20} = \frac{20-10}{10} \times 100\% = 100\%$$

调节阀开度从 50% 开大到 60% 时，流量的增加量为 20%；开度从 80% 开大到 90% 时，相对流量 $\bar{G}$ 也从 80% 增大到 90%，但实际流量只比调节前流量增加了 12.5%；当开度从 10% 加大到 20% 时，虽然相对流量也只增加了 20%，但实际流量却比调节前流量增加了一倍。从实际供热效果考虑，在小热负荷下，也就是小流量下，希望流量的调节量要小（根据散热器的热特性，小流量下对散热量影响大）；而在大负荷下，亦即大流量下，希望流量的调节量要大。由于线性流量特性的调节阀不具备上述要求，因此，在小负荷时流量调节过于灵敏，有时甚至可能关死阀门。在大负荷时，由于流量调节量不大，调节不灵敏。

等百分比流量特性曲线②是向下弯的一条曲线。这种调节性能的调节阀，其特点是流量的变化量和相对开度的变化量成直线关系。调节阀开度从 10% 开到 20% 时，相对流量从 4.67% 增加到 6.58%；开度从 50% 增大到 60% 时，相对流量从 18.3% 加大到 25.6%；开度从 80% 变为 90%，相对流量从 50.8% 变为 71.2%。相对应的流量变化量计算如下：

$$dG_{10-20} = \frac{6.58-4.67}{4.67} \times 100\% = 40\%$$

$$dG_{50-60} = \frac{25.6-18.3}{18.3} \times 100\% = 40\%$$

$$dG_{80-90} = \frac{71.2-50.8}{50.8} \times 100\% = 40\%$$

不管调节阀在什么开度下，流量的调节变化时皆相等。开度每开 10% 时，流量的增加量都是调节前的 40%。这种调节阀的调节性能优于线性流量特性的调节阀，小开度下流量的调节量小；大开度下流量的调节量大。

曲线③为快开流量特性，该曲线为向上凸起的一条曲线。当阀门只开启几圈时（相对开度 $\bar{L}$ 很小时），流量已达到最大值。这种阀门由于调节性能差，一般只作关断用，不能用来调节流量。目前通用的闸阀、截止阀属于快开流量特性。只有线性、等百分比流量特性阀门，才有良好的流量调节性能，才能称为调节阀。因此，在供热系统中，为改善其调节性能，采用调节阀代替闸阀、截止阀势在必行，为避免水击，在大的供热系统中应防止用快开特性阀门当调节阀使用。

前述的庄河调节阀（T40H-16）流量特性接近于线性特性，即图 1.7 中的曲线①。沈阳华松阀门厂生产的平衡阀，类似清华同方人工环境公司生产的调配阀，其流量特性在阀门小开度下为等百分比，即曲线②；在大开度下，接近线性特性，即曲线①。这几种调节阀的调节性能目前在国内属于比较好的。

2. 工作流量特性

上面所讲的是调节阀的理想流量特性，它是在调节阀前后压差固定不变的情况下得到的，但在实际使用时，调节阀是装在具有阻力的管道上的。由于在调节过程中，无法保证阀前阀后压差不变。因此，在实际系统中，虽在同一开度下，通过调节阀的流量将与理想特性时所对应的流量不同。所以还必须研究工作条件下的流量特性。所谓调节阀的工作流

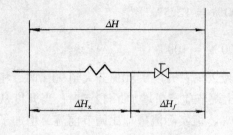

图 1-8　调节阀工作状态

量特性是指调节阀装在供热系统上，阀前后压差随工况而变化的条件下，相对流量 $\overline{G}$ 与相对开度 $\overline{L}$ 之间的关系。

图 1-8 表示调节阀在供热系统中处于工作状态的情形。ΔH_f 为调节阀的压降，ΔH_x 为系统阻力压降，ΔH 为系统与调节阀的总压降。若令

$$S_f = \frac{\Delta H'_f}{\Delta H} = \frac{\Delta H'_f}{\Delta H'_f + \Delta H_x} \qquad (1\text{-}30)$$

式中　$\Delta H'_f$——为调节阀全开时的压降；

　　　S_f——为调节阀的调节能力系数。

S_f 在数值上等于调节阀在全开状态下，调节阀压降占系统总压降的百分数。

若供热系统（管道、设备）无阻力损失时，$\Delta H_x = 0$，即 $S_f = 1$，这时系统总压降即为调节阀压降，调节阀的工作流量特性即为理想流量特性。

在工作状态下，最小可调流量 G/G' 与调节阀能力系数 S_f 之间的关系可用下式表示：

$$\frac{G}{G'} = \frac{1}{\sqrt{S_f/(A/A')^2 - (1 - S_f)}} \qquad (1\text{-}31)$$

式中　A'——调节阀全开时的流通截面；

　　　A——调节阀在任意开度下的流通截面；

　　　G'——设计条件下调节阀全开时的流量；

　　　G——调节阀在任意开度下的流量。

设 G_x 为设计条件下调节阀在最小开度下的流量，此时调节阀处于要关死而未关死的位置，因此 G_x 不是调节阀全关时的泄漏量。调节阀全关闭时的泄漏应该只有设计流量的 $0.1\% \sim 0.01\%$。一般称 G/G' 的比值为调节阀的可调比。该值是调节阀调节幅度（调节阀最大流通截面与最小流通截面之比值）的倒数。通常情况下对于线性流量特性的调节阀，其调节幅度为 30:1；等百分比流量特性调节阀的调节幅度为 50:1。亦即线性流量特性调节阀的可调比为 0.033，等百分比流量特性调节阀的可调比为 0.02。因此，调节阀的可调比一般在 $2\% \sim 4\%$ 之间。

从 (1-31) 式可知，当 $S_f = 1.0$ 时，实际工作状态的最小调节流量即为与可调比相对应的设计状态下的最小流量 G_x；而当 $S_f < 1$ 时（考虑系统管道有阻力的实际工作状态），将出现 $G > G_x$ 的情形，这说明调节阀的调节性能变坏了。通常线性流量特性的调节阀，在工作状态下，其调节特性向快开流量特性偏移；而等百分比流量特性将向线性流量特性偏移。这是因为在工作状态下，决定供热系统流量、压降的主要因素是系统总阻力特性，而不单纯是调节阀本身的阻力特性。调节阀本身的阻力特性系数（或压降）在整个系统的阻力特性系数（或压降）中所占比重越大，调节阀的工作流量特性愈接近理想流量特性。

3. 阻力特性

调节阀的水力特性方程 $\Delta H = SG^2$，还可写为下式

$$G = C \sqrt{\Delta H} \qquad (1\text{-}32)$$

式中　C——调节阀流量系数，其值与阻力特性系数 S 有如下关系：

$$S = 1/C^2 \tag{1-33}$$

通常将流量系数 C 与相对开度 $\overline{L} = L/L'$ 的关系在实验台上进行测定，并绘制成曲线，称为调节阀的阻力特性曲线。图 1-9 所示为 RHV-40 型阻力特性曲线（$DN40$mm）。

测试调节阀的阻力特性，一般有两种用途，一种用途是测量流量，并计算初调节的调节方案。模拟阻力法（即 CCR 法）正是将此曲线输入智能仪表，借以完成流量测量和理想开度计算的。另一用途是表明调节阀的一种结构特性，借以表明流通能力，以便在设计时进行调节阀的选择、计算。

四、调节阀的选择计算

调节阀在设计时的选择计算包括两部分内容，首先是流量特性的选择，其次是调节阀口径的选择计算。

1. 流量特性的选择

在供热系统中，调节阀一般装在干线的分支点、用户的热入口处，以及热源的分、集水器和热力站中，用以解决初调节和运行调节中的流量控制（包括调节阀和电动调节阀）。当热负荷变化时，常常需要依靠调节阀的调节改变流量，配合供水温度的变化，使散热器的散热量适应热负荷的要求。换热器最理想的换热特性（包括热交换器、散热器）应为相对换热量与调节阀相对开度成线性关系。亦即保证在调节过程中，调节阀和换热器的综合放大系数维持不变，换热器（特别是散热器）的热特性在小流量时换热量变化大；在大流量时换热量变化小。也就是在小流量时放大系数大；大流量时放大系数小。为保持总放大系数不变，调节阀的流量特性应该是小流量时放大系数小；大流量时放大系数大。

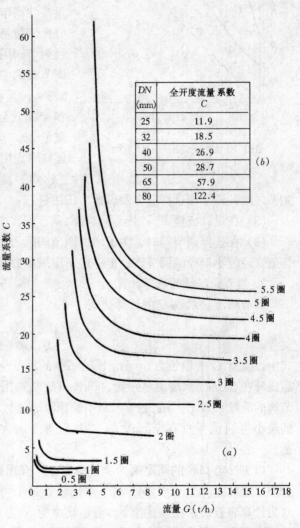

DN (mm)	全开度流量 系数 C
25	11.9
32	18.5
40	26.9
50	28.7
65	57.9
80	122.4

图 1-9 RHV 型调配阀阻力特性

（a）RHV40（$DN40$mm）特性曲线；（b）RHV 全开度特性曲线

图 1-10 给出线性流量特性、等百分比流量特性的调节阀分别与换热器配套形成的散热特性曲线。横坐标为调节阀相对开度 $L/L' = \overline{L}$，纵坐标为换热器相对换热量 $Q/Q' = \overline{Q}$。曲线 1 为理想的线性换热特性曲线，曲线 2 为等百分比流量特性的调节阀与换热器匹配时的换热特性曲线，曲线 3 为线性流量特性的调节阀与换热器匹配时的换热特性曲线。由图看出曲线 3 远偏离于曲线 1，曲线 2 比较接近理想的线性换热曲线。上述特性曲线是在供热系统的供水温度

低于100℃时，通过实地测定给出的。说明在供热系统中，用于流量调节的最理想的调节阀应采用等百分比流量特性。线性流量特性的调节阀在供热系统中使用不理想。因此，在已有的调节阀、平衡阀、调配阀中，因平衡阀、调配阀接近等百分比流量特性，应予优先采用。

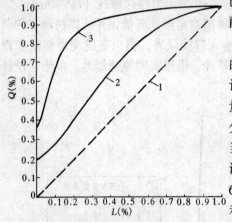

图 1-10　换热器相对散热量与调
节阀相对开度关系

考虑到调节阀在实际工作状态下流量特性变坏的因素，调节阀本身的阻力不能太小。经计算统计：当调节阀阻力是系统总阻力的 5% 时，线性流量特性调节阀的最小可调流量 $G_x = 15\%$，而等百分比流量特性调节阀的最小可调流量 G_x 为 8.8%；当调节阀阻力与系统总力之比为 $S_f = 10\%$ 时，线性调节阀的 $G_x = 10.5\%$，而等百分比调节阀的 $G_x = 6.3\%$；当 $S_f = 25\%$ 时，对应的 G_x 值分别为 6.7% 和 4%，已经很接近 $S_f = 100\%$ 时的理想最小可调流量 2%～4%。因此，在供热系统中调节阀的选择还应考虑阻力的要求：

（1）调节阀的阻力应为系统总阻力的 10% 至 30% 之间；调节阀选择应参照设计水压图进行；

（2）在设计流量下，对于同口径的调节阀，应该优先选用阻力较大的；

（3）在选择调节阀时，为了增加调节阀阻力占系统总阻力中的百分比，可适当选择比管道直径较小口径的调节阀；但一定不应采用放大调节阀口径的方法。

2．调节阀口径的选择计算

调节阀流量系数 C 的计算公式

$$C = \frac{G}{0.316\sqrt{\Delta H}} \tag{1-34}$$

式中，流量 G 的单位为 m³/h，压差 ΔH 的单位为 kPa。在一般的供热系统中，调节阀前后压降在 3kPa（末端用户）到 300kPa（近端热用户）之间。由图 1.9 查出不同口径下调节阀的流量系数 C；用 3kPa 的最不利压降 ΔH 代入公式 (1-34)，即可算出该口径调节阀的最小可通流量（在全开时），若其值等于、大于设计流量，则该口径调节阀选择合适。

以 DN40 口径的调配阀为例，由图 1-9 查出该阀全开时的 C = 26.9，将 $\Delta H = 3$kPa（即 0.3mH20）代入 (1-34) 式，求出该阀最小可通流量 G = 4.7m³/h。从热水供热系统水力计算表查出，在该直径下，管道比摩阻 R 为 84.2Pa/m 时，流量为 1.8m³/h，即说明在同直径下，调节阀可通流量大于管道可通流量，完全可以满足设计流量的要求。对于管径 DN50mm 的管道，在比摩阻 R 为 31.9～91.4Pa/m 时，可通流量为 2.0～3.4m³/h。因此，在热入口将 DN40mm 的调节阀安装在 DN50mm 的管道上，也完全满足设计流量的要求。由此可说明，在用户热入口选择调节阀口径比管道直径小的设计方法，从流通能力方面考虑也是可行的。具体的调节阀口径比管道直径应该缩小几号，需根据供热系统的设计条件或设计水压图而定。

第四节 自力式调节阀

该方法主要依据自力式调节阀自动进行流量的调节控制，从原理上讲，有限流阀和温控阀两大类。

一、限流阀（流量调节阀）

实质上是一种压差调节阀，其功能是限制通过它的流量不能超过给定的最大值。

1. 构造和控制原理

流量调节阀的结构示意图见图1-11所示。流量调节阀主要由壳体1、阀芯2（通过拉杆3与压力薄膜4连接）、弹簧5（带有拉紧器6）、节流圈（或阀芯）7和压力信号管8组成，为了限制阀芯2的升程，在压力薄膜的底部装有套管9，当阀芯2开启到最大值时，它被隔板10阻挡。

流量调节阀的作用是自动将通过阀芯7（或节流圈）的流量限定在给定值。基本原理如下：阀芯2之前的流体压力为 P_1，之后压力为 P_2，节流圈7之后流体压力为 P_3。流体压力 P_2 直接作用在阀芯2的下部，使其关闭。但阀芯同时有两个反作用力使其开启：一个是弹簧5的拉力，一个是流体压力 P_3，通过压力薄膜4作用于阀芯的向下推力。换句话说，阀芯2同时存在 (P_2-P_3) 压差引起的促使其关闭的向上推力，和弹簧5引起的使其开启的向下拉力。当这两个作用力平衡时，阀芯2的开度将保持不变。

当被调管段流量增加时，压差 (P_2-P_3)（节流圈7孔径不变）将超过给定值，亦即大于弹簧5的拉力，阀芯2将关小，导致通过流量减少，直至压差 (P_2-P_3) 减小到与弹簧拉力重新平衡时，阀芯2将不再移动。假定阀芯2在上下移动过程中，弹簧拉力恒定，则阀芯达到新的平衡位置时，必将使 (P_2-P_3) 恢复至原来数值，亦即通过流量调节阀的流量始终保持在给定值。

当通过被调管段的流量减小时，因 (P_2-P_3) 压力减少，在弹簧拉力作用下，阀芯2开大，直至 (P_2-P_3) 增加到与弹簧拉力重新平衡时，阀芯2不再开启，此时 (P_2-P_3) 压差和通过流量将恢复到给定值。

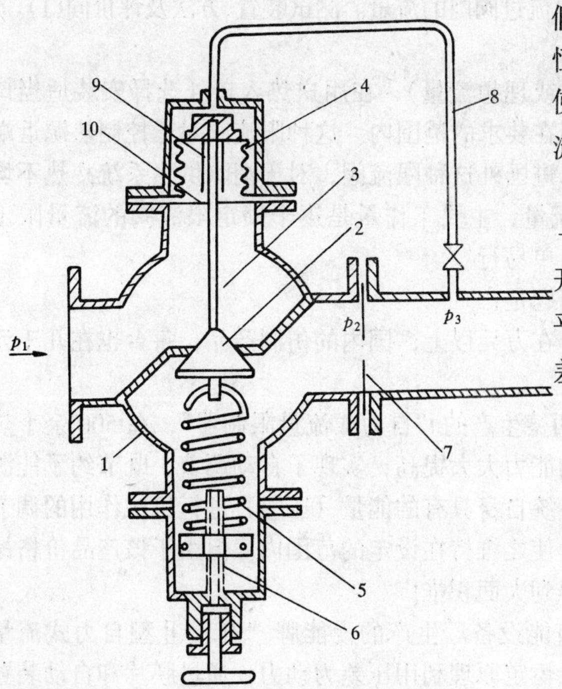

图 1-11 流量调节阀

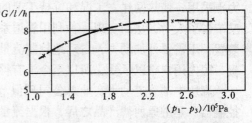

图 1-12 DN50mm 流量调节阀工作曲线图

通过上述分析可以看到：流量调节阀实质上是依靠阀芯 2 的调节，来维持节流圈 7（或阀芯）前后压差（$P_2 - P_3$）始终不变，进而实现流量的恒定。因此，流量调节阀实际上也可称为压差调节阀。

在上述分析中是假定当阀芯 2 上下移动时弹簧拉力不变。实际上弹簧拉力是随着长度的变化而变化的。这样，流量和压差（$P_2 - P_3$）的调节将产生一定的偏差，即出现一定的不均匀度。减少这种不均匀度的方法是选择适当的薄膜有效直径 d_p 和阀芯工作直径 d_f。研究表明 d_p/d_f 为 0.95~0.98 时，不均匀度趋于最小值。当比值小于上述值时，调节后的流量将大于给定值；否则，调节后流量将小于给定值。选择适当比值 d_p/d_f，目的是使薄膜有效面积小于阀芯工作面积，进而使流体压力 P_1 对阀芯产生一个向下开启的推力，当该推力恰好能和弹簧变形增加的拉力抵消时，即可消除不均匀度。

图 1-12 给出了流量调节阀的工作特性曲线。当流体压差（$P_1 - P_3$）超过某一数值时，流量可控制在某一给定的数值内，进而达到了限制流量的目的。流量调节阀属于一种自力式调节阀。目前国内已有前苏联、德国的引进产品。国内自制产品正在试用阶段。

2．流量特性

（1）固有流量特性：指的是调节阀在前后压差恒定的条件下测得的流量特性。通过测定阀开度和相对于各阀开度下的 C_v，并用线图表示它们之间的关系。测试装置、方法、数据整理和评价均与压差调节器的性能测试及评价一致。

（2）C_{vs}：表示调节阀的流通能力，指的是调节阀全开，阀前后压差为 1kg/cm²（0.1MPa），流体的密度为 1g/cm³ 时，每小时流过阀门的流量。它是根据调节阀本身的阻力确定的流量，C_{vs} 越大，则表示流过的流量越多。测试方法、装置同（1）。

（3）C_v：表示调节阀的容量，指的是调节阀在任意阀开度，阀前后压差为 1kg/cm²（0.1MPa），流体的密度为 1g/cm³ 时，每小时流过阀门的流量。测试装置、方法及评价同（1）。

3．特点

根据供热系统的热用户的设计流量（或理想流量），在用户热入口处选择安装适当口径的限流阀，即可自动将热用户流量限制在要求的范围内。这种限流阀对于控制热源近端用户流量有明显效果。我国北京地区已引进国外这种限流阀，对于消除供热系统冷热不均现象有立竿见影作用。采用限流阀调节流量，主要工作量是逐个锁定限流阀的流量限定值，无需对限流阀进行手工调节，因此简单易行。

采用限流阀调节流量，存在的主要问题是：

（1）成本较贵。国外进口限流阀每台在万元以上，国内的仿制产品，每台也在几千元以上。就我国目前的财力情况，较难承受。

1990~1991 年北京热力公司引进原西德生产的"自力式流量限制器"，在 500 余个热力点采用，使热网建立工况和维持工况的能力大大提高，实现了自动调节，既节约了能源又省了人力，从而实现一种利用管道系统自身具有的能量（压差）进行机械作用的调节装置，不需要外加动力，自动地控制流量使之维持在设定的范围内。但由于该产品价格昂贵，国内用户难以承受，所以至今没有得到大面积推广。

廊坊中油管道动力实业总公司环保节能设备厂生产的爱能牌"ZLK Ⅱ型自力式流量控制器"是继原西德产品之后，根据流量恒定原理利用压差为动力，通过膜片和自动装置的联动自调作用，自动地控制流量，使之维持在设定的范围内。测试结果表明，流量控制的精确度、行动调节的灵敏度、适用的压差范围均不低于原西德产品，而在方便用户安装、使用调节等方面均显露出很大优势。尤其是价格，仅是原西德同类产品的十分之一。

（2）不适宜在变流量供热系统中使用。当供热系统总流量减少时，各用户要求的限定流量也相应减少。但限流阀的给定流量是通过手工操作进行的，因而不能跟着总流量的变动频繁变动。在这种情况下，限流阀为维持原有的限定流量，阀芯将有开大的趋势，结果失去调节作用，重新发生冷热不均现象。对于供热规模较大的系统，为了节省运行能耗，宜积极推广"质、量并调"的运行调节方法。在这种情况下，采用限流阀就不如采用平衡阀或调配阀更为有利。

二、温控阀（温度调节阀）

1. 构造和控制原理

典型结构如图 1-13 所示。温控阀一般装在供暖房间散热器的入口处。当室内温度超过给定值（如 $t_n = 18℃$）时，装在感温元件内的液体蒸发，使囊箱内的压力增高，促使阀芯关小，减少进入散热器的流量，进而达到降低室内温度的目的。当室内温度低于给定值时，囊箱中的部分气体又冷凝为液体，降低了囊箱压力，阀杆带动阀芯开大，增加进入散热器的流量，达到提高室温的目的。

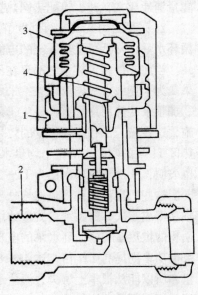

上述室温调节，是在预先确定给定值的前提下自动实现的。温控阀有锁定卡环，当将其插入感温元件头的不同位置时，囊箱下面的弹簧的伸缩长度被限制，即等于改变了室温的给定值。此时使弹簧上的作用力与囊箱压力达到一种新的平衡，进而使室内温度达到不同的数值。室内温度可调范围一般为 5～26℃ 之间。

温控阀主要厂家为北欧。丹麦的 DANFOSS 公司生产的温控阀型号为 RAVL。我国近年来已引进，并有类似的仿制产品。

图 1-13　温控阀
1—感温元件；2—阀体；
3—囊箱；4—弹簧

2. 散热器恒温调节阀

其阀体上部囊箱中装有受热蒸发的液体。该调节阀一般装在房间散热器的入口一侧，当室温 t_n 升高时，囊箱中的液体受热蒸发，囊箱压力增高，顶压阀杆带动阀芯关小，流量自动减小，达到室内降温目的。反之亦然。

这种散热器恒温调节阀小巧、美观，不靠任何外来能耗，即能自动调节流量，而且室内要求温度可以人为设定，比较简便、省力。但存在如下缺点：

（1）初投资较贵。国内仿制的产品单价约 40 元/个，相当于室内供暖系统每建筑平米造价提高 4 元左右。

（2）原有室内供暖系统要做较大技术改造。我国现有室内供暖系统有相当比例为单管顺流式系统，为适应散热器恒温调节阀的安装、使用，均应改造为双管系统、单管跨越式系统或水平跨越式系统，因此有相当难度。

（3）当热源供热量不足时，会出现互相抢水现象，甚至使每个散热器恒温调节阀都开到最大，形成新的冷热不均的失调现象。基于这一原因，国外通常将散热器恒温调节阀与供热系统的其他自动控制装置相结合，配套使用。

三、自力式调节阀的实用价值

1. 采用自动式调节阀实现供热系统的自动控制

众所周知，供热装置是根据最大负荷设计的。但是，这种最大负荷的情况非常少见，在全年的大部分时间里，供热装置的负荷小于 50%，低负荷时，必须减少供热，以避免室温过高。通常采取的措施是降低流量、温度或者结合两种方式。目前仍多采用人工控制方式，这种方式往往不能完全保证可靠地供热，且运行费高，能耗大。今后，新建的或已有供热系统的改造应采用自力式调节阀或电控系统实现供热系统的自动控制。这种方式既能使用户保持满意的、舒适的室温，又能使供热工况处于最佳状况，减少循环水量及泵的能量消耗成本，减少输配热网热损失，从而使运行成本降到最低。

2. 采用自力式调节阀可以解决当前供热系统中普遍存在的大流量运行问题，减少了循环水量，降低了供热系统的电能消耗。

当前，许多供热系统都存在不同程度的水平失调现象，直接影响了供热系统的供热效果。为了克服水平失调现象，采用了①加大热网循环水泵；②开大用户供水或回水阀门；③加粗末端热用户管道直径；④采用回水供暖；⑤在用户供、回水管道上装设增压泵等措施，这些措施都有不同程度的效果。但是，均造成了供热系统的大流量运行。据对四个供热区 11 次的实测表明，平均供水量是设计水量的 2.56 倍，最小 1.96 倍。一些实测资料也表明：一次网循环水量为 $15\sim25\text{m}^3/$（万 $\text{m}^2\cdot\text{h}$）；二次循环水量为 $40\sim50\text{m}^3/$（万 $\text{m}^2\cdot$ h）。这些数据说明许多热网均处于大流量运行方式。大流量必然需要大水泵，流量与水泵轴功率成三次方的关系。流量的增加意味着电能消耗的增加。如一般 3.0 万 m^2 左右建筑面积的供热系统，循环水泵的电功率在 $15\sim30\text{kW}$ 之间，若系统循环水量提高 1.4 倍，水泵电功率则提高 2.7 倍，达 $41\sim82\text{kW}$。采用自力式调节阀后，由于能限制近端用户的流量，所以能从根本上解决大流量运行方式带来的问题。比如某热力站一次网上安装自力式流量调节阀后，流量从 $13\text{m}^3/$（万 $\text{m}^2\cdot\text{h}$）下降至 $10\text{m}^3/$（万 $\text{m}^2\cdot\text{h}$），平均少开三台泵，一个采暖季节电 112 万度。另外，还取消了 62 台回水加压泵，一个冬季可节约 170 多万度电。某区域锅炉房的流量从 $21\text{m}^3/$（万 $\text{m}^2\cdot\text{h}$），下降至 $13\text{m}^3/$（万 $\text{m}^2\cdot\text{h}$），结果少运行一台锅炉及一台水泵，相当于节省电耗 219kW，即一个采暖季节省 68 万度电。

3. 采用自力式调节阀能够解决输配管网的水平失调，即冷热不均问题。既保证了舒适的室温条件，又明显地降低了系统的热耗。

在通常的供热系统中，由于种种原因，水力工况的水平失调难以避免。多年的运行经验表明，近端热用户水流量是设计流量的 $2\sim3$ 倍，远端热用户水流量是设计流量的 $0.2\sim0.5$ 倍。出现水平失调后，热网必然形成冷热不均，即热网近端室温过热，远端室温过低。为了提高末端用户的平均室温，有些供热系统采取了增大循环流量的方法，但在流量受限制的条件下，则采用提高系统供水温度和热源供热量的方法。这种运行方式，实质上是靠提高整个供热系统平均室温来改善末端用户的供热效果。由此可知，这种运行方式是靠增加电耗、热耗来消除热力工况的失调，本质上并未消除水力工况的水平失调问题。若采用自力式调节阀，则能从根本上解决水平失调问题，各热用户的流量均能基本上达到设计流量，系统平衡后，室温分布范围缩小，平均室温降低。一般，若采暖系统每增高 1℃

平均室温，热耗增多 5%～10%。供热系统采用自力式调节阀后，平均室温约降低 1～3℃，直接热耗约可降低 5%～30%。实际使用后也清楚地说明了这一事实。如果在热力站一次网上安装自力式流量调节阀后，则可以甚至消除冷热不均现象，单位面积实际供热指标也可以比未装之前降低 1.4%～20.9%。又如某锅炉房供热采用调节阀后，1t/h 锅炉的供暖面积由 5000m² 提高到近 9000m²；煤耗由 28kg 标煤／（m²·年）下降至 21.9kg 标煤／（m²·年），节煤 21.8%；电耗由 3.6 度／（m²·年）下降至 2.34 度／（m²·年），节电 34.7%。

4. 采用自力式调节阀能够有效地解决家用生活热水的控制问题，并能充分地利用采暖系统回水的热量，实现供热系统的节能运行。

家用生活热水的最佳控制与生活热水和加热方式（容积式加热器或快速加热器）及连接方式（直接连接或间接连接）等有关。

在直接连接方式中，生活热水与供暖系统的自动控制无关。最佳控制状态是由安装在容积式热交换器上的自力式温度控制器来实现的。

在间接连接方式中，若家用生活热水消耗量大时，设计时要考虑利用采暖装置回水中的热量预热生活用水，同时应考虑通过自力式流量调节阀减少生活热水的直接加热量。

从以上控制方式可知，采用自力式节阀，既控制了家用生活热水的温度，又限制了供热系统的回水温度，众所周知，热网回水温度的高低代表了一个供热装置和热力站利用热能的效率。由此可知，自力式调节阀是供暖、生活热水热力站中值得采用的高效节能装置。

第五节 蒸汽系统的调节

蒸汽供热系统对各种热负荷种类有较强的适应能力。通常除用于供暖、通风、空调制冷和热水供应外，主要用于工业中的生产工艺热负荷：蒸发过程——使溶液中水分蒸发；干燥过程——使固体中水分蒸发；升温工艺——通过受热面加热（间接加热）或蒸汽与工艺介质直接接触（直接加热）的方法，使产品温度升高；保温工艺——补偿工艺过程的介质热损失，保证工艺过程实现恒温要求；蒸馏工艺——用来分馏或精馏产品，去除油脂的加工工艺；蒸汽动力——作功或发电以及热电联合生产。

蒸汽供热系统与热水系统比较，其中一个突出的特点是易于调节控制，针对蒸汽介质的特点，选择合理的调节控制方法，蒸汽供热系统不但能消除工况失调，达到预期供热效果，而且能有效实现热量的梯级利用，获得最大的经济效益。

一、供热负荷对蒸汽质量的要求

蒸汽供热系统对蒸汽介质（热媒）不仅有数量上的要求，而且有质量上的要求。所谓蒸汽质量，是指蒸汽的温度、压力、过热度等参数以及含水量、含盐量、含气量为标志的清洁度。对于不同种类的供热负荷，应有不同梯级的蒸汽质量要求。根据确定的蒸汽质量要求，选择合适的调节控制方法。

1. 动力装置用汽

在供热系统中，蒸汽用于动力装置，主要是作为热电厂中汽轮机组的新蒸气，也可用于拖动汽锤或汽泵。

在蒸汽动力装置中，为了提高热能利用率和运行可靠性，一般需要压力、温度较高的过热蒸汽，并且希望有较高的清洁度，即较低的含水量、含盐量和含气量。

在发电过程中，蒸汽的热力循环遵循朗肯循环，一般热效率很低，不超过20%。为了提高热效率，通常将饱和蒸汽进行过热、再热，以及用汽轮机的抽汽对锅炉给水进行回热。

表1-4给出了国产发电机组的基本参数，从中可以看出，发电功率愈大，新汽参数愈高。对于凝汽机组，当发电功率较小为6~12MW时，采用中参数：新汽压力3.5MPa（绝对），温度435℃，过热度192.5℃；发电功率50~100MW，采用高参数；新汽压力9.0MPa，温度535℃，过热度231.7℃；发电功率为200MW，采用超高参数；新汽压力13.0MPa；发电功率300MW，则采用亚临界参数；新汽压力16.5MPa，温度550℃，过热度220.2℃。随发电功率增大，锅炉给水温度也增加。对于背压机组、抽汽机组其新汽基本参数类似。

国产机组的基本参数

表1-4

技术规格 \ 机组型号	H6-35	N12-35	N50-90	N100-90	N200-130	N300-165
参数等级	中参数	中参数	高参数	高参数	超高参数	亚临界参数
新汽压力（MPa）	≈3.5	≈3.5	≈9.0	≈9.0	≈13.0	≈16.5
新汽温度/再热温度（℃）	435	435	535	535	535/535	550/550
功率（kW）	6	12	50	100	200	300
回热级数	3	3	4~5	7	8	9
给水温度（℃）	150	150	215	215	240	254

作为汽轮新汽，还要求有较高清洁度。首先，不应有含水量，否则会降低过热器后的蒸汽热度，甚至发生新汽带水，引起蒸汽管道温度的剧烈变化，使管道破裂。其次要严格控制蒸汽含盐量，防止盐分在过热器中析出，进而堵塞过热器、主汽阀和汽轮机叶片，造成事故。

2. 换热过程用汽

除动力装置用汽外，大量的供暖、通风、空调制冷和生活热水供应以及生产工艺负荷，基本上都是换热过程用汽；前者靠蒸汽绝热膨胀作功（热能变为电能或机械能），需要高参数，后者主要利用蒸汽提供的热量，蒸汽参数的确定，应根据不同热负荷及不同工艺过程进行。

以换热为主的供热负荷，一般不需要较高的蒸汽参数。按照工艺过程要求，供热蒸汽可分为三种，供热温度在150℃以下时称为低温供热，一般要求的蒸汽参数为0.4~0.6MPa（绝对），供热温度在150~250℃以内时称为中温供热，要求蒸汽参数0.8~1.3MPa（绝对），可由热电厂汽轮机抽汽或工业蒸汽锅炉提供；供热温度在250℃以上时称为高温供热，一般由大型锅炉房或电站锅炉通过新汽的减压减温提供。

蒸汽压力在0.4~1.5MPa（绝对）范围内，汽化潜热在2132.9~1945.2kJ/（kg·K）之间变化，且压力愈低，汽化潜热愈大。相应水和过热蒸汽的比热（定压）分别为4.321kJ/（kg·K）、2.3J/（kg·K）。因此，采用饱和蒸汽进行换热，其热利用率最大；相反，过热蒸汽进行换热，其热利用率最差。通常在满足供热温度的情况下，蒸汽压力愈低愈好，能用饱和蒸汽就不用过热蒸汽。

　　蒸汽带水，将严重影响蒸汽的换热效果。即使蒸汽带水（按体积比例）只有1%，按质量计算就可达30%～40%，当只进行冷凝换热无过冷却换热时，即意味着换热量减小30%～40%，因此，减少蒸汽含水量至关重要。当蒸汽输送管道较长时，由于管道散热损失，沿途凝水增加，降低了蒸汽清洁度，为提高蒸汽干度，常常输送过热蒸汽，由过热度的降低补偿管道散热损失，使到达热设备处的蒸汽成为饱和蒸汽。根据同样原因，应尽量减少蒸汽中的空气含量，以提高换热效果。

　　二、量调节

　　由蒸汽表得知，压力为0.4MPa（绝对）的饱和蒸汽焓值为（饱和温度143.6℃）2737.6kJ/kg，压力为1.5MPa（饱和温度198.3℃）的饱和蒸汽焓值为2789.9kJ/kg，压力提高了1.1MPa，蒸汽焓值只增加了1.9%。压力为0.4MPa，温度为200℃的过热蒸汽焓值为2860.4kJ/kg，即过热度为56.4℃时焓值只增加4.5%；压力为1.5MPa，温度为300℃的过热蒸汽焓值为3038.9kJ/kg，即过热度为101.7℃时的焓值增加8.9%。由此看出，在供热温度的范围内（130～300℃），蒸汽压力、温度的变化，对其焓值的影响不超过10%，亦即单靠质调节（只改变蒸汽压力、温度不改变蒸汽流量），对换热量的调节幅度很小，难以满足热负荷的变化要求。因此，对于蒸汽供热系统来说，适应热负荷变化的基本运行调节方式为量调节。

　　1. 集中量调节

　　（1）区域锅炉房

　　蒸汽供热系统中，蒸汽流量按下式计算

$$G = \frac{3.6Q}{r} \qquad \text{kg/h} \tag{1-35}$$

式中　G——所需蒸汽流量，kg/h；

　　　　Q——供热系统热负荷，W；

　　　　r——蒸汽的汽化潜热，kJ/kg。

　　当供热系统热负荷 Q 发生变化时，一般在用热设备处通过阀门调节改变蒸汽流量，以适应热负荷的变化。由于系统负荷的变化，区域锅炉房中的锅炉蒸汽压力也将随着发生变化。当热负荷减小时，锅炉蒸汽压力要升高；热负荷增大时，锅炉蒸汽压力降低。此时由于锅炉本体金属蓄热以及锅筒中水侧、汽侧的蓄热将影响着汽压变化的速度。对于不同容量的锅炉，其热负荷变化引起压力的最大变化速度分别为：

　　低压锅炉：$(\mathrm{d}p/\mathrm{d}\tau)_{zd} = 3\sim 4\text{kPa/s}$；

　　中压锅炉：$(\mathrm{d}p/\mathrm{d}\tau)_{zd} = 10\sim 30\text{kPa/s}$；

　　高压锅炉：$(\mathrm{d}p/\mathrm{d}\tau)_{zd} = 40\sim 50\text{kPa/s}$。

也可按下式进行近似计算：

$$(\mathrm{d}p/\mathrm{d}\tau)_{zd} = (0.002 - 0.005)p \quad \text{kPa/s} \tag{1-36}$$

式中　$(\mathrm{d}p/\mathrm{d}\tau)_{zd}$——单位时间汽压的最大变化速度，kPa/s；

　　　　　　p——蒸汽的工作压力，kPa。

　　锅炉的集中量调节，就是通过锅炉的给水量 D_s（kg/h)的调节和锅炉燃料量 B（kg/h)的调节，使锅炉蒸汽压力维持工作压力 p 不变的条件下，改变锅炉的产汽量 D_q（一般为

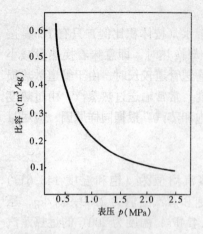

图 1-14 蒸汽比容随压力变化的关系

饱和蒸汽），以满足热负荷的变化。

图 1-14 给出了蒸汽压力与蒸汽比容的关系曲线。可以看出，当蒸汽压力 $p \leqslant 0.5MPa$ 时，蒸汽比容的变化倍率极大。如果锅炉蒸汽压力在这个范围内运行，当供热负荷变化时，锅炉锅筒内蒸汽压力将会急剧波动，水位也将大幅度浮动，进而增加蒸汽含水量，降低蒸汽品质，因此，蒸汽锅炉一般都应在额定压力下运行，即使在负荷波动大的情况下，也不希望蒸汽压力降至 0.8MPa 以下运行，如有需要宁可通过减压装置降压。

（2）热电厂

对于热电厂，当供热负荷发生变化时，主要是调节汽轮机的抽汽量或主蒸汽量。调节过程是通过汽轮机抽汽口上的调节装置进行的（见图 1-15）。

汽轮机工作时，应使汽轮机的转速和抽汽压力保持恒定，为此装有调速器 1 和调速器 2。当发电负荷减少或要求主蒸汽量减少时，将导致汽轮机转速增加，由于离心力变化引起调速器重球的上升，进而带动杠杆 abc 的 b 点也上升（当 a 点固定时），这样就使执行机构 6 的滑阀 9 也向上移动。于是油压系统的油将从上部进入两个油缸，并放出下部的油。执行机构的活塞因此下降，结果减少了进入汽轮机和通过汽轮机低压部分的蒸汽量。由于活塞下降，导致滑阀跟着下降，到某一适合位置使油路系统通道隔断，油不再进入也不再流出。这时进入汽轮机的新汽量正好与电负荷相适应，亦即汽轮机的转速也和变化后的电负荷相适应。当电负荷增加时，活塞上移，汽量增加，达到同样的调节目的。

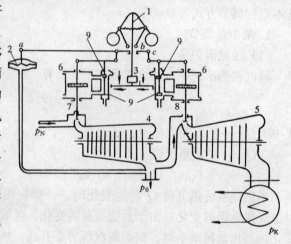

图 1-15 带有一级抽汽的热化汽轮机调节图
1—调速器；2—压力调节器；3—油泵；4—汽轮机的高压部分；5—汽轮机的低压部分；6—伺服马达；7—主进汽门；8—后进汽门；9—伺服马达的滑阀；p_N——汽轮机前的蒸汽压力；p_0——抽汽压力；p_K——凝汽器中蒸汽的压力

如果发现电荷不变，代热负荷即抽汽负荷变化时，也可自动实现同样的调节功能。当抽汽负荷减少时，将引起抽汽压力的增高，由于调压器薄膜的作用，当杠杆 abc 的 b 点不变时（因电负荷固定），a 点将升高，c 点将下降，进而使左侧的执行机构中，油从油缸的上部进入而从下部流出；使右侧的执行机构中，油从油缸的进入而从上部流出。这样就使进入汽轮机的新汽量减少，而通过低压部分的蒸汽量增加，进而达到在蒸汽压力、温度不变的条件下减少蒸汽抽汽量的目的。由于活塞移动，带动滑阀移动，进而切断油路通道，因此汽轮机又能很快转入稳定工况运行。当抽汽负荷增加时，将引起抽汽压力的下降，左侧活塞的上移，右侧活塞的下移，导致汽轮机新汽增加，低压蒸汽减少，进而达到抽汽量增加的调节目的。

2．局部量调节

从热源生产的蒸汽经热输送至热用户先要进入引入口装置（见图 1-16）。蒸汽先送到高压汽缸 1，对于生产工艺、通风空调和热水供应负荷可直接从高压分汽缸引出。对于供暖用汽，则需从高压分汽缸引出后，先通过减压阀 3 减压，再进入低压分汽缸 2，然后送至室内供暖系统中去。各系统凝水集中至入口装置中的凝水箱 8，再用凝水泵 9 将凝水送至凝水干管，流回热源总凝水箱。

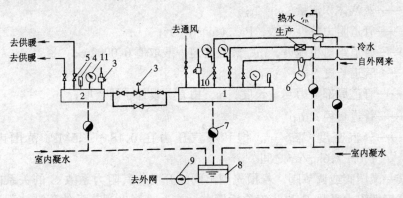

图 1-16　用户蒸汽引入口装置示意

1—高压分汽缸；2—低压分汽缸；3—减压阀；4—压力表；5—温度表；6—流量计；
7—疏水器；8—凝水箱；9—凝水泵；10—调节阀；11—安全阀

各种热负荷的变化，通过减压阀或调节阀 10 进行局部量调节，以蒸汽流量的变化，适应热负荷的需求。

减压阀或调节阀，是通过改变阀体流通截面积的大小来进行节流降压实现蒸汽流量调节的。

在节流前后，散热损失很小，可忽略不计，因此，节流作用实际上是属于等焓过程。在供热用的蒸汽压力范围内，高压的饱和蒸汽以节流后一般成为低压的过热蒸汽；高压的湿饱和蒸汽节流后成为低压的干饱和蒸汽。

例如，压力为 0.5MPa（绝对）的干饱和蒸汽含值为 2747.4kJ/kg，若将其节流为 0.2MPa（绝对）的过热蒸汽，则很容易计算出过热度的大小。因 0.2MPa 的饱和蒸汽焓值为 2706.3kJ/g，两者焓值相差 41.1kJ/kg，这部分热量全部用来使蒸汽过热。又过热蒸汽的定压比热为 2.1kJ/（kg·K），因此过热度 $\Delta t = 41.1/2.1 = 19.57℃ \approx 20℃$。即 0.5MPa 的干饱和蒸汽通过节流降压为 0.2MPa 的热蒸汽，其温度将由原来的 151.84℃ 改变为 140.23℃（0.2MPa 的饱和温度为 120.23℃）。

再如，压力为 1.1MPa（绝对）、干度为 0.98 的饱和蒸汽，经节流压力降为 0.42MPa（绝对）时，正好成为干度为 1.0 的干饱和蒸汽。若节流后压力小于 0.42MPa，则蒸汽变为过热蒸汽；节流后压力大于 0.42MPa，蒸汽仍为湿饱和蒸汽（干度大于 0.98）。

经过上述分析可以看出，通过节流，蒸汽的压力、温度虽然发生了变化，但从换热的角度观察，其焓值未变，能提供的热量维持固定。这就是说，蒸汽经过节流，虽然蒸汽参数（温度、压力）有了改变但供热量未变，未体现质调节的功能，而真正引起供热量的变化，是由节流改变蒸汽流量而实现的，因此，节流是一种局部量调节的方法。

根据供热学的基本理论，可以很方便地计算蒸汽管道节流前后蒸汽流量的变化。和热水管道一样，蒸汽管道压力降用下式进行计算。

$$\Delta H = SG^2 \qquad Pa$$

$$S = 6.88 \times 10^{-9} \cdot \frac{K^{0.25}(l + l_d)\rho}{d^{5.25}} \qquad Pa/(m^3 \cdot h^{-1})^2$$

式中　　ΔH——管道蒸汽压降，Pa；

$\quad\ \ G$——蒸汽体积流量，m^3/h；

$\quad\ \ S$——管道阻力特性系数，$Pa/(m^3 \cdot h^{-1})^2$；

$\quad\ \ K$——管道绝对粗糙度，m，蒸汽管道一般取值 0.0002m；

$\quad\ \ l$——管道长度，m；

$\quad\ \ l_d$——管道局部阻力当量长度，m，由有关设计手册查取；

$\quad\ \ d$——管道直径，m；

$\quad\ \ \rho$——蒸汽密度，kg/m^3，饱和蒸汽压力在 0.18～1.5MPa 范围内，密度在 1.0～7.6kg/m^3 之间。

对于某一减压阀或调节阀，若预先测出阀的开度与其阻力系数 S 的关系曲线，则可根据阀的开度即阻力系数 S 和节流前后压差，按上式算出调节后的蒸汽体积流量，再根据节流后的蒸汽参数（压力、温度），确定其比容 v、密度 ρ，即可确定其质量流量。

三、质调节

在动力装置中，通常希望用过热蒸汽拖动汽轮机，以提高朗肯循环效率。但在不同热负荷中，由于过热蒸汽传热性能差以及温度过高，超过换热设备和附件耐温的限制，又常常避免直接使用过热蒸汽。降低蒸汽温度和过热度，一般采用减温减压装置。在热电厂，供热系统的尖峰加热器常常就是蒸汽通过减温减压装置后加热的。热用户的引入口装置，当温度超过用热设备要求温度时，也要先经过减温器减温。蒸汽减温措施的，主要目的是控制供热蒸汽的质量参数，因此属于系统的质调节方法。

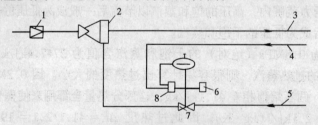

图 1-17　小型减温器布置图

1—减压控制阀；2—小型减温器；3—已减温的蒸汽；4—来
自温度回路；5—进水；6—过滤器；7—控制阀；8—定位器

减温器的基本原理是在管段中设置一个或多个喷水喷嘴，利用这些喷嘴把水喷入蒸汽中，使水吸收蒸汽中的热量而汽化，进而降低蒸汽的过热度。当蒸汽温度过高时，往往在减温的同时要减压，形成减温减压装置。图 1-17 为减温器的布置图。一般蒸汽在进入减温器 2 时，先要经过减压控制阀 1。减温器出口的蒸汽温度通常利用冷却水的喷水量控制。来自温度回路4的温度传感器把减温器出口的蒸汽温度信号反馈到冷却水量调节阀7的膜片上，根据给定蒸汽温度（调节定位器8），自动调节冷却水量调节阀。通过喷水量的变化，保证减温器出口的蒸汽温度维持在给定值。

减温计算，主要是在已知蒸汽初始参数和终了参数的情况下，确定冷却水的喷水量。

【例题 1-5】 3.4 在压力为 0.3MPa（绝对）和温度为 400℃ 的过热蒸汽中，把压力为 0.3MPa（绝对）的饱和水喷入，使经过减温器后的蒸汽变成相同压力下过热度为 10℃ 的蒸汽，试计算喷入的冷却水量？

【解】 减温前过热蒸汽焓值为 $h_q = 3275.2 \text{kJ/kg}$，减温后过热蒸汽的焓值为 $h_h = 2724.7 + 2.1 \times 10 = 2745.7 \text{kJ/kg}$，减温冷却水焓值 $h_s = 561.5 \text{kJ/kg}$。

设每公斤过热蒸汽中喷入冷却水量为 $m_s \text{kg}$，且喷水前后没有热损失，则有如下的热量平衡：

$$h_q + h_s m_s = h_h(1 + m_s) \tag{1-37}$$

$$3275.2 + 561.5 m_s = 2745.7(1 + m_s)$$

因而

$$m_s = 0.242 \text{kg/kg}$$

即在每公斤的过热蒸汽中喷入 0.242kg 的冷却水，就可使蒸汽达到要求参数。

第六节　供热系统的最佳调节工况

一、供热系统的最佳工况

供热系统中温度、供热量、散热量的运行分布状况称为供热系统的热力工况。研究供热系统的热力工况能够了解其供热效果及原因。虽然民用建筑的供暖设计温度 $t'_n = 18℃$，而且要求各房间温度均匀、供热稳定，但实际上考虑到资金、资料等情况，我国室温能达到 16℃ 以上即认为满足设计要求和实际生活需要。

经过集中运行调节，供热系统可实现全网的按需供热，即系统的各用户平均室温达到设计要求。但还需局部运行调节来实现用户房间的室温均满足要求。

二、水力工况对热力工况的影响

由于热媒（热水、蒸汽）往返于热源（或换热器）和散热设备之间传递所携带的热量，所以其流量、阻力等分布状况即水力工况对热力工况有着直接的影响。

1. 水平失调

初调节方法主要解决热网干管所联连接用户时由于阻力不同所产生的"近热远冷"问题，其直接原因就是水力工况的不平衡性，即水流量未能按设计要求进行分配。而下面我们来分析局部某个采暖系统的水平失调问题。从而采取局部运行调节的手段来解决。

室内温度的计算公式为：

$$t_n = \frac{(\varepsilon_n \cdot G \cdot t_g/q_v) + t_w}{(\varepsilon_n \cdot G/q_v) + 1} \quad ℃ \tag{1-38}$$

式中　ε_n——散热器的有效系数。

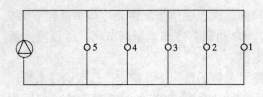

图 1-18 热力工况系统图

式 (1-38) 反映了在供水温度 t_g、室外温度 t_w 一定的情况下，建筑物室温 t_n 与系统水流量 G 的关系。

表 1.5、图 1.18、图 1.19 反映了上述关系。该图、表虽然是针对北京地区住宅建筑的情况，但其规律具有普遍性。分析计算的基本条件是：室外设计温度 $t_w = -9℃$，选用铸铁 813 型四柱散热器，平均每 $1m^2$ 供暖建筑面积安装 0.5 片散热器，此时单位供暖建筑面积的概算热指标为 $52.3W/m^2$（$45kcal/m^2 \cdot h$），亦即单位供暖建筑面积室内外温差为 $1℃$ 时的热耗失量 q_v 为 $1.94W/(m^2 \cdot ℃)$（$1.67kcal/m^2 \cdot h \cdot ℃$）。在供水温度 $t_g = 75℃$ 时，对于单位供暖建筑面积而言，不同水流量其热用户的平均室温不同。

对于图 1-18 所示的供热系统，共有 5 个热用户，以热源而言，由远至近，热用户的编号顺序为 1、2、3、4、5。现在考察室外温度为设计外温（即 $t_w = t_w' = -9℃$）时的情况：当各热用户的单位供暖建筑面积水流量等于设计水流量时，即 $g = g' = 2.25kg/(m^2 \cdot h)$ 时，各用户的平均室温均为设计室温，即 $t_n = t_n' = 18℃$。此时系统供水温度 $t_g = 75℃$，回水温度 $t_h = 55℃$，供、回水温差 $\Delta t = 20℃$。在同样的供水温度下，比较各热用户出现水力失调时的情形：热用户 4、5 的水流量分别为 $3.2kg/(m^2 \cdot h)$、$5.4kg/(m^2 \cdot h)$ 时，其平均室温分别为 $19.9℃$ 和 $20.2℃$。当热用户 1、2、3 的水流量分别为 $0.35kg/(m^2 \cdot h)$、$0.7kg/(m^2 \cdot h)$ 和 $1.6kg/(m^2 \cdot h)$ 时，其平均室温分别为 $4.4℃$，$11.3℃$ 和 $17.5℃$。

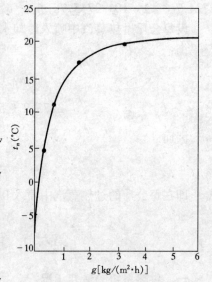

图 1-19 流量与室温关系曲线
（$t_w = t_w' = -9℃$）

供热系统水平失调时热力工况 表 1-5

用 户名 称	设计供水温度 t_g'（℃）	运行流量 G'（kg/m²·h）	设计流量 G'（kg/m²·h）	失调度 $X = G/G'$	单位供暖面积散热器散热量 q（W/m²·℃）	有效系数 ε_n	回水温度（℃）	平均室温 t_n
1~5	75	2.25	2.25	1.0	0.95	0.350	55	18
1	75	0.35	2.25	0.16	0.78	0.880	12.9	4.4
2	75	0.70	2.25	0.31	0.88	0.750	27.2	11.3
3	75	1.60	2.25	0.71	0.94	0.480	47.5	17.5
4	75	3.20	2.25	1.42	0.96	0.273	59.9	19.9
5	75	5.40	2.25	2.40	0.98	0.165	66.0	20.2
系统总计	75	11.25	11.25	1.0			57.5	

不难看出，水流量等于设计流量时，平均室温即为设计室温；水流量大于设计水流量时，室温也将高于设计室温，流量愈大室温愈高，但随着流量的增加，室温的增加比较缓

慢；水流量小于设计水流量时，平均室温低于设计室温，而且流量愈少，平均室温下降的幅度愈大。也就是说，当水力失调度 $x \gg 1$ 时，平均室温的增长缓慢；当水力失调度 $x \ll 1$ 时，平均室温的减少幅度明显增加。

当室外温度 $t_w > t'_w$ 时，水力失调对热力工况的影响也有类似情形。可知当 $t_w = t'_n = 18℃$ 时，$\overline{Q} = 0$，即散热器的散热量 $q = 0$，亦即 $\varepsilon_n = 0$，可得 $t_n = 18℃$。这说明在 $t_w = 18℃$ 时，水流量的大小不影响室温的变化，由此可绘制出图 1-20 表示的在不同室外温度下，流量与室温的关系曲线。图 1-20 说明，供热系统在相同的水力失调工况下（表 1-5 所示），室外温度愈低，热力工况失调愈大，即对室温的影响愈严重，当室外温度 $t_w = t'_w$ 时，影响达到最大；随着室外温度的逐渐提高，热力工况的失调也逐渐减小，即对室温的影响逐渐减弱。当室外温度 $t_w = t'_n$ 时，热力工况的失调消除，对室温不再有影响。我国规定 $t_w = +5℃$ 为供热的起、停室外温度，由图 1-20 看出，此时水力工况的失调对热力工况的影响不可忽视。

在通常的供热系统中，由于种种原因，水力工况的水平失调难以避免。经过多年的现场测试，我国供热系统水力工况水平失调的情况大致为：近端热用户水流量是设计流量的 2～3 倍，即失调度 $x = 2 \sim 3$；远端热用户水流量是设计流量的 0.2～0.5 倍，即失调度 $x = 0.2 \sim 0.5$；中端热用户水流量大体接近设计流量。在这种情况下，近端热用户平均室温在 20℃ 左右甚至更高；远端热用户平均室温常常在 10℃ 左右甚至更低。从这里可以明显地了解到：供热系统各热用户室温的不均匀性即热力工况的水平失调主要是由系统的热用户流量分配不均衡即水力工况的水平失调引起的。当近端热用户室温达 20℃ 以上，甚至热得开窗户时，其热用户流量一般要超过设计流量的2～3倍以上；当末端热用户室温连 10℃ 都达不到时，其水流量一般不会超过设计流量的 0.5 倍。

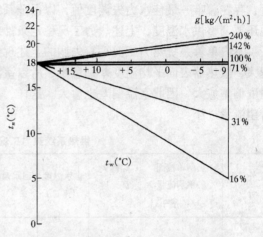

图 1-20　失调时流量与室温关系曲线

2．垂直失调

在同一建筑物内，不同楼层房间室温的不均匀性称为系统热力工况的垂直失调。不同楼层各房间室温 t_n 仍可由式（1-38）进行计算。对于单管上分式供暖系统（目前采用最为广泛），同一立管的水流量相等，供水温度则随楼层的不同而不同。一般上一层散热器的回水温度即为下一层散热供水温度。现以某地区一供热系统为例，说明系统流量对热力工况垂直失调的影响。该地区室外供暖设计温度 $t'_w = -18℃$，用户单位供热建筑面积的设计流为 $4.2 kg/（m^2 \cdot h）$。表 1-6 给出了五层建筑物在不同水力失调度下室温的变化影响。

从表中看出：在设计外温 -18℃，设计供、回水温度 60/45℃，水力工况不存在失调时，热力工况也不存在垂直失调，建筑物各层室温均达设计室温 18℃。当室外气温 $t_w = -4.1℃$（当地供暖期平均气温），各用户单位供热面积流量均为 $3.7 kg/（m^2 \cdot h）$，即水力

失调度 $x=0.89$，供、回水温度为 $47.0/36.6℃$ 时，各楼层室温也均达 $18℃$，无热力工况垂直失调。在同一室外气温（$t_w=-4.1℃$）下，当各用户流量存在水力失调时，各楼层的室温将各不相同，出现明显的热力工况垂直失调。失调的规律是：在系统的近端用户，流量愈大，上层室温愈低，下层室温愈高；系统末端用户，流量愈小，上层室温愈高，下层室温愈低。当近端用户水力失调度 $x=2.3$ 时，五层至一层室温分别为 $17.6℃$，$18.1℃$、$18.8℃$、$19.4℃$ 和 $20.1℃$，最高层最低层的室温偏差为 $2.5℃$。远端用户水力失调度 $x=0.26$ 时，五层至一层室温分别为 $15.9℃$，$14.0℃$，$12.3℃$，$10.7℃$ 和 $9.1℃$，最高层与最低层的室温偏差为 $6.8℃$。这说明：流量愈大，上下层室温偏差愈小；流量愈小，上下层室温偏差愈大。

还应注意，当室外气温 $t_w=-4.1℃$ 时，保证热力工况不发生垂直失调的条件并不是水力失调度 $x=1.0$，而是 $x=0.89$。当室外温度变化时，保证热力工况不出现垂直失调的水力失调度也随之变化；室外温度愈高，水力失调度愈小。总之，对应于某一室外温度，存在着唯一最佳水力失调度值，以保证系统热力工况在垂直方向上的稳定。当然相应地还要调整供水温度，上述热力工况稳定条件才能实现。

室内单管系统热力工况垂直失调的上述现象，也是由散热器的热力特性决定的。流量越大，散热器表面平均温度差别愈小，所以室温偏差也愈小；流量愈小，散热器表面平均温度偏差愈大，因此室温偏差也愈大。这样，为保证不发生严重的垂直热力失调，通常不希望流量过小。

供热系统热力工况垂直失调计算　　　　表 1-6

室外气温 t_w	热网单位面积平均流量 [kg/（m²·h）]	热网失调度 X	供水温度 t_h（℃）	回水温度 t_h（℃）	用户区段	用户失调度 x	平均室温 t_h（℃）				
							五层	四层	三层	二层	一层
-18	4.2	1.0	60	45	近端	1.0	18.0	18.0	18.0	18.0	18.0
					中端	1.0	18.0	18.0	18.0	18.0	18.0
					远端	1.0	18.0	18.0	18.0	18.0	18.0
-4.1	3.7	0.89	47.0	36.6	近端	0.89	18.0	18.0	18.0	18.0	18.0
					中端	0.89	18.0	18.0	18.0	18.0	18.0
					远端	0.89	18.0	18.0	18.0	18.0	18.0
-4.1	4.7	1.12	46.5	38.3	近端	2.3	17.6	18.1	18.8	19.4	20.1
					中端	0.8	17.4	17.3	17.2	17.0	16.9
					远端	0.26	15.91	14.0	12.3	10.7	9.1

对于室内双管供暖系统，也存在类似的热力工况垂直失调问题。

3. 热力失调与大流量运行方式

前面介绍的供热系统因水力失调即流量分配的不均匀性会引起用户水平方向和垂直方向的室温偏差，我们称之为供热系统的热力失调。热用户实际室温与其实际平均室温的偏差，反映了供热系统热力工况的失调程度，若用实际室温与实际平均室温的比值定义热力工况的失调度 x_{ri}，则有：

$$x_{ri} = t_{ni}/t_{np} \tag{1-39}$$

当 $x_{ri}=1$，表示供热系统热力工况稳定，热用户的实际室温即为实际平均室温，各用户室温均匀一致。当 $x_{ri}>1$，表示热用户实际室温超过实际平均室温。当 $x_{ri}<1$，表示热用户实际室温低于实际平均室温，供热系统存在冷热不均现象。

追求热力工况稳定，既不发生失调（各热用户间或立管间）也不出现垂直失调（同一立管间），使各供暖房间室温均匀一致，这是供热系统重要的控制目标之一。但是由于设计、施工安装和运行等多种原因，目前我国供热系统普遍存在冷热不均现象。如何消除供热系统的热力工况水平失调和垂直失调，一直成为人们十分关注的课题。

为了提高供热效果，克服热力工况失调现象，目前国内常采用"大流量、小温差"的运行方式；即靠换大水泵、增加水泵并联台数或增设加压泵等方式提高系统循环流量，有时系统实际运行流量甚至比设计流量高达好几倍。这种"大流量"的运行方式，是我国供热系统运行人员从多年的实际经验中总结出来的。它在一定程度上能够缓解热力工况的失调，因此得到了广泛应用。但它有很大的局限性。下面将对其利弊作进一步分析。

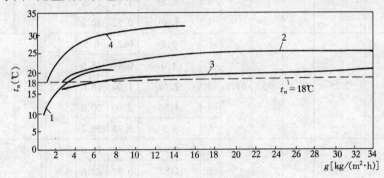

图 1-21 大流量运行下的热力工况

1—用户平均流量 $g=3.15\text{kg}/(\text{m}^2 \cdot \text{h})$ $(t_g=75\text{℃})$；2—用户平均流量

$g=14.1\text{kg}/(\text{m}^2 \cdot \text{h})$ $(t_g=75\text{℃})$；3—用户平均流量 $g=14.1\text{kg}/(\text{m}^2 \cdot \text{h})$

$(t_g=66.6\text{℃})$；4—用户平均流量 $g=6.0\text{kg}/(\text{m}^2 \cdot \text{h})$ $(t_g=92\text{℃})$

表 1-7、图 1-21 说明了在大流量的运行方式下，系统热力工况的变化情况。表 1-7 和图 1-21 是以表 1-5 和图 1-19 为基本工况进行的变动工况。在基本工况下，热用户 1-5 总循环流量为 11.25kg/h，此时各用户单位供暖面积的平均水流量为 2.25kg/ $(\text{m}^2 \cdot \text{h})$，即系统总循环流量恰好等于设计总流量。若供水温度不变，即 $t_g=75\text{℃}$，观察流量增加的倍数不同时热用户室温的变化：当总流量增加到 $G=15.75\text{kg}/\text{h}$ 时，即水力失调度 $x=1.4$，用户单位面积平均流量为 3.15kg/ $(\text{m}^2 \cdot \text{h})$ 时，1，2 用户的平均室温由 4.4℃和 11.3℃分别提高到 8.5℃和 13.6℃，即增加了 4.1℃和 2.3℃。而 4、5 用户只由原来的 19.9℃、20.2℃提高到 20.0℃和 20.7℃，仅增加了 0.1℃和 0.5℃。比较 1、5 用户，室温的最大偏差由原来的 15.8℃下降为 12.2℃。若用热力工况失调度 x_{ri} 衡量，对于 1 用户，x_{ri} 由 0.3 改进到 0.53，而对于 5 用户，x_{r5} 只由 1.37 改进到 1.28。当系统流量提高到基本工况的 6.25 倍（系统总流量 70.3kg/h），即单位面积平均流量为 14.1kg/ $(\text{m}^2 \cdot \text{h})$ 时，1、5 用户室温之间的最大偏差下降为 6.0℃。这就是说，系统流量愈大，末端用户室温提高的愈多，近、末端用户室温偏差愈小，水力失调对热力失调的影响愈小，因而愈有利于热力工况水平失调的消除。这是因为：系统流量增加，末端用户流量愈接近设计流

量，散热器散热愈充分；而近端热用户流量超过设计流量愈多，散热器散热愈接近饱和。供热系统大流量运行方式，是靠提高末端用户散热器的散热能力，抑制近端用户散热器散热能力的办法来达到消除系统热力工况水平失调的目的。

大流量运行时的热力工况计算

表 1-7

系统工况						用户名称	运行流量 g[kg/(m²·h)]	水力失调度 x_i	室温 t_n(℃)	平均室温 t_p(℃)	系统供热量 Q(W)	系统供热量比值 $\bar{Q}$(%)	供热量浪费率 $\bar{q}$(%)
总量 G (kg/h)	单位面积流量 g[kg/(m²·h)]	设计流量 g[kg/(m²·h)]	水力失度 x	供水温度 t_g(℃)	回水温度 t_g(℃)								
11.25	2.25	2.25	1.0	75	57.5	1	0.35	0.16	4.4	14.8	230	-12.5	31.9 (6.3)
						2	0.70	0.31	11.3				
						3	1.60	0.71	17.5				
						4	3.20	1.42	19.9				
						5	5.40	0.22	20.2				
15.75	3.15	2.25	1.4	75	61.6	1	0.5	0.22	8.5	16.2	245.5	-6.2	25.0
						2	1.0	0.44	13.6				
						3	2.25	1.00	18.0				
						4	4.50	2.00	20				
						5	7.5	3.33	20.7				
30.0	6.0	2.25	2.67	92	82.3	1	0.94	0.42	18.0	25.8	338.4	29.3	61.0
						2	1.87	0.83	23.6				
						3	4.27	1.90	27.4				
						4	8.50	3.78	29.3				
						5	14.40	6.4	30.7				
70.3	14.1	2.25	6.25	75	71.4	1	2.25	1.00	18.0	21.5	294.4	12.5	23.8
						2	4.44	1.97	19.8				
						3	10.06	4.47	22.5				
						4	20.00	8.99	23.6				
						5	33.75	15.00	24.0				
70.3	14.1	2.25	6.25	66.6	63.4	1	2.25	1.00	15.7	17.9	260.5	-0.004	
						2	4.44	1.97	17.2				
						3	10.06	4.47	18.5				
						4	20.00	8.89	18.9				
						5	33.75	15.00	19.0				
11.25	2.25	2.25	1.0	75	55	1	2.25	1.00	18.0	18.0	262	0.0	0.0
						2	2.25	1.0	18.0				
						3	2.25	1.0	18.0				
						4	2.25	1.0	18.0				
						5	2.25	1.0	18.0				

但是,大流量运行方式,并没有从根本上消除系统的水力失调,即各热用户流量分配不均的问题并未解决。在这种情况下,系统运行存在以下一些缺点:

(1)大流量必然需要大水泵。供热系统运行流量愈大,热用户平均室温愈趋于均匀,热力工况的水平失调愈能得到消除。参看表 1.7,在基本工况下,如果系统不存在水力工况失调现象,则各热用户平均室温皆为 18℃,此时系统总供热量为 262W(225kcal/h)。若热源锅炉的装机容量不变,全靠增大系统循环流量来改善热力工况,则循环流量愈大,末端用户平均室温提高愈多;与此同时,系统供水温度下降愈多,回水温度提高愈多。当总循环流量为 70.3kg/h(单位供暖建筑面积平均流量为 14.1kg/(m²·h))时,1~5 用户的平均室温分别为 15.7℃,17.2℃,18.5℃,18.9℃和 19.0℃,即系统各用户的总平均室温达 17.9℃。此时系统供水温度 $t_g = 66.6℃$,回水温度 $t_h = 63.4℃$,系统总供热量为 $Q = 261W(224kcal/h)$。热力工况已相当接近设计工况。若系统循环流量继续增大,达到某一数值,则各用户平均室温都将能达到设计室温 18℃。此时系统总供热量应为设计值 262W。因此,无限制地增加循环流量,从理论上讲完全可以消除系统的热力工况失调。但是,循环流量的增加,必然要相应地配置大功率循环水泵(或增加水泵并联台数)由于流量与水泵轴功率成三次方关系,流量的增加,将带来电能的更大消耗。一般 3.0 万 m² 左右建筑面积的供热系统,其循环水泵的电功率在 15~30kW 之间,若系统循环水流量提高 1.4 倍,水泵电功率提高 2.74 倍,达 41~82kW。此时若再提高循环水量,无论设备初投资还是运行耗电费用都嫌太高,难以承受。如果单靠增加系统循环流量,将末端用户室温提高到设计室温,那么系统循环流量将会增加得更多,循环水泵将要求选择的更大,甚至形成很不合理的状况。

系统循环流量的增加,不但受限于管道直径和水泵的轴功率,而且决定于水泵输送能效。通常水泵输送能效由水输送系数衡量。水输送系数的定义为:循环水泵单位电耗(1kW·h)所能输送出的热媒供热量。我国建设部 1986 年批准颁布的《民用建筑节能设计标准(采暖居住建筑部分)》中规定的控制指标为:设计选用的水泵水输送系数 WTF 应大于、等于设计计算条件下(供、回水设计温度为 95/70℃)的理论水输送系数 $(WTF)_{th}$ 的 0.6 倍,即

$$WTF \geqslant 0.6(WTF)_{th} \tag{1-40}$$

式中设计水输送系数 WTF 按下式计算:

$$WTF = \Sigma Q / N_q \tag{1-41}$$

式中 ΣQ——全日设计供热量,kW·h/d,按下式计算:

$$\Sigma Q = 24 q_n A \tag{1-42}$$

式中 q_n——采暖热指标,kW/m²;

　　 A——采暖建筑面积,m²;

　　 N_q——全日水泵输送热媒的设计耗电量,kW·h/d,N_q 按下式计算:

$$N_q = 24N \tag{1-43}$$

式中 N——水泵铭牌轴功率,kW;

设计条件下的理论水输送系数 $(WTF)_{th}$ 按下式计算:

$$(WTF)_{th} = \frac{7450}{14 + a\Sigma L} \tag{1-44}$$

式中　$\sum L$——供热系统主干线供回水管总长度，m；

　　　　a——局部阻力当量长度百分数与沿程比压降 R(mmH$_2$O/m) 的乘积，其取值如下：

$$\sum L \leqslant 500\text{m} \qquad a = 0.115$$
$$500 < \sum L < 1000\text{m} \qquad a = 0.0092$$
$$\sum L \geqslant 1000\text{m} \qquad a = 0.0069$$

$0.6(WTF)_{th}$ 可按表 1-8 查取：

0.6(WTF)_{th}计算　　　　　　　　　　　　表 1-8

$\sum L$(m)	200	400	600	800	1000	1200	1400	1600
$0.6(WTF)_{th}$	274	240	229	209	200	195	189	179
$\sum L$(m)	1800	2000	2200	2400	2600	2800	3000	
$0.6(WTF)_{th}$	169	161	153	146	140	134	129	

　　按上述标准考虑，一个约 9.0 万 m^2 的供热系统，其循环水泵轴功率不得超过 32.1kW 配用电机功率为 40kW，相应扬程为 36m，流量为 270t/h。考察国内目前供热系统的实际情况，大多数超过了这一标准。因此，从提高供热效果的方法是不可取的。

　　(2)大流量必然造成大热源。在循环流量增加受限的情况下，往往不足以消除用户冷热不均的现象，这时，提高系统供水温度，也可达到提高末端用户平均室温进而改善供热效果的目的。但应该指出，提高系统供水温度与提高系统循环水量的作用有明显的不同。在锅炉燃烧正常情况下，适当提高系统循环水量，系统总供热量不会有明显变化(考虑到水力失调、流速增加、炉膛温度降低等因素，严格讲，会有一些变化)，亦即系统各用户总平均室温一定，主要作用是缩小了各用户的室温偏差，在各用户间起到了均匀、调剂室温的功能。提高系统供水温度，主要作用是普遍提高各用户的室温，亦即提高系统的总平均室温。因而相应提高了系统总供热量。应该指出：由于散热器的散热特性，供水温度的提高，非但不能均匀各用户室温，而且还会使各用户室温差进一步拉大，系统供热量进一步增加。图 1-22 说明了这一情况，其中图(a)表示既提高循环流量又提高供水温度的情况，图(b)表示只提高循环流量的情况。参照表 1-7。图(a)、图(b)分别表示单位面积流量 $g = 14.1$kg/(m^2·h)时两种不同工况。如前所述，图(b)工况，在外温为设计外温，即 $t_w = -9℃$ 时，1、5 用户的平均室温分别为 15.7℃ 和 19.0℃，温差 3.3℃，系统各用户平均室温 $t_{np} = 17.9℃$，已相当接近设计值。其特点是末端用户室温升高，近端用户室温下降，共同趋于设计室温。图(a)工况是在图(b)工况的基础上将系统供水温度由 66.6℃ 提高到 75℃。其结果是各用户室温普遍提高，当末端用户 1 的室温达到设计室温 18℃ 时，近端用户 5 的室温为 24℃，系统各用户平均室温上升为 $t_{np} = 21.5℃$，即超过了设计室温。此时系统总供热量 $Q = 294.4$W (253.1kcal/h)，比设计供热量 $Q' = 262$W 增加了 12.5%。这说明单靠提高供水温度来改善供热效果，其前提必须增大热源的锅炉容量。

　　表 1-7 还指出，为了将末端用户室温提高到设计室温，系统循环流量增加得愈多，供水温度提高的幅度愈小，与此相应的是系统供热量增加愈小即锅炉容量增加愈小；相反，如果系统循环流量增加愈小，则供水温度提高的幅度愈大，系统供热量和锅炉容量增加愈多。当

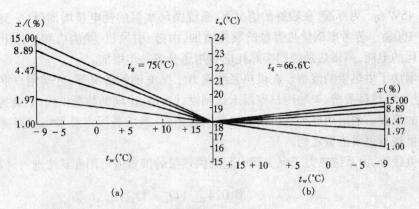

图 1-22　提高循环流量、供水温度的不同作用($g=14.1\text{kg}/(\text{m}^2\cdot\text{h})$)
(a)提高循环流量、供水温度的室温曲线；(b)提高循环流量的室温曲线

系统循环流量为 30kg/h(单位面积流量 6.0kg/($\text{m}^2\cdot\text{h}$)，水力失调度 $x=26.7$)时，要想把末端用户(1 用户)室温提高到 18℃，供水温度必须提高到 92℃。此时系统供热量为 $Q=338.4\text{W}$(291kacl/h)，比设计值增大了 29.3%，亦即锅炉容量需增大近 1/3。

从我国目前的实际情况来看，采取的技术措施多数是既提高循环流量又提高供水温度，因此大流量的运行方式，必然是装备大水泵、大锅炉的供热系统。

(3)大流量必然带来大能耗。大流量运行方式，将引起能耗的增加，可从下列几个方面加以说明：

1)抑制锅炉的热容量。考察表 1-5 和表 1-6，在供热系统运行流量和供水温度皆相同的情况下，水力工况存在失调时其系统回水温度将高于水力工况稳定(各用户水力失调度 x 均为 1 时)时的系统回水温度。对于北京地区，当外温 $t_\text{w}=t'_\text{w}=-9℃$，供水温度 $t_\text{g}=t'_\text{g}=75℃$，在水力工况稳定时，系统回水温度 $t_\text{h}=t'_\text{h}=55℃$。而在出现水力工况失调时，系统回水温度上升，为 $t_\text{h}=57.5℃$，即提高了 2.5℃。系统的总供热量由设计供热量 262W(225kcal/h)下降为 230W(197.8kcal/h)，即系统总散热量减少了 12.5%。这一现象是由散热器的散热特性和系统水流量分配不均引起的。在末端用户由于流量不足，影响了散热器散热能力的发挥。从热源处观察，产生的信息是系统回水温度升高，锅炉热容量不足，进而误认为锅炉本身质量问题。在相当多数的情况下，锅炉热容量是够的，主要是热源提供的热量系统(通过用户散热器)散不出去，致使回水温度提高。在系统存在冷热不均现象时，首先应进行初调节即流量均匀调节，然后再考察锅炉热容量的大小。但在实际运行中，往往动辄加大锅炉容量，降低了供热系统能效。

上述分析是在设计外温下进行的，此时锅炉热容量的抑制量最大。随着室外温度的提高或系统循环流量的增大(改善了热力工况)，散热器对锅炉热容量的抑制逐渐减小。但是在不进行流量均匀调节和系统循环流量不能随意加大的情况下，系统水力失调是不可避免的。在这种情况下，热源实际供热量将比设计供热量减少 5%～10%，显然供热系统的能效降低了。

2)提高了耗电费用。按照《民用建筑节能设计标准》规定，供热系统中循环水泵的电功率一般控制在单位供热建筑面积为 0.35～0.45W/m^2 范围内。而在大流量的运行方式下，我国目前系统循环水泵的实际电功率在 0.5～0.6W/m^2 之间，有的甚至高达 0.6～0.9W/m^2。

若以 0.45W/m² 为标准,在较好的情况下,系统循环水泵的耗电量增加(11~33)%,有的甚至增加 100%。若考虑锅炉热容量的额外增加,由鼓、引风机、除渣机和炉排电机等辅助设备所消耗的电能,则供热系统的实际耗电费用还会进一步增加。

3)增加了供热量的浪费。在供热系统热力工况失调的情况下,近端用户室温超过设计室温,是一项热量浪费;末端用户室温未达到设计室温,由辅助热源供热(如烧为炉),也是一项热量的浪费。当采用提高系统供水温度的措施时,系统各用户总平均室温高出设计室温那部分供热量也属浪费之列。

在供暖季,由系统热力工况失调引起的供热量的浪费值可用度日法进行计算:

$$\bar{q} = \frac{0.024 \sum\limits_{i=1}^{j} (Q_i - Q_{18})}{j Q_{18}} \tag{1-45}$$

式中 $\bar{q}$ ——在供暖季中,供热量浪费值占设计供热量的百分比,%;

Q_i ——在热用户 i 在供暖季中单位建筑面积的总耗热量,kW·h/m²;

Q_{18} ——对应于设计室温 18℃下供暖季用户总散热量,kW·h/m²;

j ——供热系统的热用户数。

表 1-7 给出了各种工况下供热量的浪费值。在设计循环流量下(系统总流量 11.25kg/h),当热力工况存在失调时,总供热量的浪费值为 31.9%;当末端用户不采取辅助热源时(降低供热标准),总供热量浪费值为 6.3%。在系统循环流量为 30.0kg/h(单位建筑面积流量 6kg/(m²·h)),供水温度为 92℃时(末端用户室温达 18℃),系统总供热量浪费值达 61%。总之,系统循环流量愈大,供热量浪费愈小(电耗浪费愈大);系统供水温度愈高,供热量浪费愈大。

4)阻碍了连续供热运行方式的推广。根据北京房管局实测结果:连续供热比间歇供热锅炉效率提高 10%;煤耗节约 23.3%,显然,连续供热有明显优越性。但至今许多地方难以推广,不少运行人员仍延用间歇运行方式,习惯于烧尖子火。锅炉房一天的运行方式大体为:多台锅炉同时挑火,使系统供水温度迅速升温达到要求值,然后锅炉压火。平均锅炉燃烧 8~16h,循环水泵运转 10~18h。

综合上述几种原因,供热系统的供热量在通常情况下,约浪费 35% 左右。这样,单位锅炉热容量目前只能供 0.5~0.7 万 m² 供热面积就容易理解了(理论上讲,单位锅炉热容量应供 1.0~1.5 万 m²)。若考虑到保温脱落、管沟泡水、系统非正常补水等因素,供热系统能效进一步降低,单位锅炉热容量有时只能供 0.3~0.5 万 m²。

(4)大流量必然增大设备投资。大流量运行造成大水泵、大锅炉,有时还要加粗系统管线,配置增压泵,所有这些技术措施,无疑会增加设备投资,因而并不经济。

(5)大流量必然降低系统的可调性。

通过以上分析,可以得出结论:大流量运行是一种落后的运行方式,应该逐渐摒弃。供热系统热力失调的根本原因是水力失调即流量分配不均所致。因此,消除系统热力失调最有效最经济的方法应进行系统的流量均匀调节即初调节。

三、双管、单管热水供暖系统的最佳调节

1. 双管热水供暖系统的最佳调节

对于双管热水供暖系统,通过局部运行调节,保证各房间室温在整个供暖期维持设计要

求,同样必须满足如下三个热平衡方程

$$\overline{Q}_1 = \overline{Q}_2 = \overline{Q}_3$$

$$\overline{q}_1 = \overline{q}_2 = \overline{q}_3$$

$$\overline{Q}_1 = \overline{q}_1$$

式中　$\overline{q}_1, \overline{q}_2, \overline{q}_3$——分别表示房间相对耗热量、散
　　　　　　　　　热量和供热量;

　　　$\overline{Q}_1, \overline{Q}_2, \overline{Q}_3$——分别表示系统相对耗热量、散
　　　　　　　　　热量和供热量。

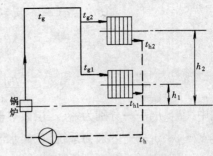

图 1-23　双管供暖系统

针对双管供暖系统的特点(见图 1-23),必有

$$t'_g = t'_{g1} = t'_{g2}, \quad t'_h = t'_{h1} = t'_{h2} \tag{1-46}$$

以及

$$t_g = t_{g1} = t_{g2} \tag{1-47}$$

式中　t'_{g1}, t'_{h1}——分别为一层散热器进、出口设计水温,℃;

　　　t'_{g2}, t'_{h2}——分别为二层散热器进、出口设计水温,℃;

　　　t_{g1}, t_{g2}——分别为一、二层散热器进口水温,℃。

又因

$$\overline{q}_2 = \left(\frac{t_{g1} + t_{h1} - 2t_n}{t'_{g1} + t'_{h1} - 2t'_n} \right)^{1+\beta} = \left(\frac{t_{g2} + t_{h2} - 2t_n}{t'_{g2} + t'_{h2} - 2t'_n} \right)^{1+\beta}$$

则有

$$t_h = t_{h1} = t_{h2}$$

又知

$$\overline{q}_3 = \frac{G_1(t_{g1} - t_{h1})}{G'_1(t'_{g1} - t'_{h1})} = \frac{G_2(t_{g2} - t_{h2})}{G'_2(t'_{g2} - t'_{n2})} = \frac{G(t_g - t_h)}{G'(t'_g - t'_h)}$$

则有

$$\overline{G} = \overline{G}_1 = \overline{G}_2 = \overline{Q} \Big/ \left(\frac{t_g - t_h}{t'_g - t'_h} \right) \tag{1-48}$$

式中　G_1, G_2——分别为一、二层环路的流量,kg/h。

　　若考虑一、二层环路的压降平衡,存在:

$$\overline{G} = \frac{G_1}{G'_1} = \frac{G_2}{G'_2} = \sqrt{\frac{\Delta p_1}{\Delta p'_1}} = \sqrt{\frac{\Delta p_2}{\Delta p'_2}} = \sqrt{\frac{\Delta p}{\Delta p'}} \tag{1-49}$$

式中　$\Delta p'_1, \Delta p'_2$——分别为一、二层环路设计作用压头,Pa;

　　　$\Delta p_1, \Delta p_2$——分别为一、二层环路实际作用压头,Pa;

　　　$\Delta p, \Delta p'$——分别为一、二层并联环路的实际作用压头和设计作用压头,Pa。

　　对于双管系统,环路作用压头由两部分组成:一部分是循环水泵的强制作用压头 Δp_q,另一部分是自然循环的作用压头 Δp_z,即

$$\Delta p'_1 = \Delta p'_{q1} + \Delta p_{z1} \quad \Delta p_1 = \Delta p_{q1} + \Delta p_{z1}$$

$$\Delta p'_2 = \Delta p'_{q2} + \Delta p_{z2} \quad \Delta p_2 = \Delta p_{q2} + \Delta p_{z2}$$

其中

$$\Delta p_{z1} = g(\rho_h - \rho_g)h_1$$

$$\Delta p'_{z2} = g(\rho'_h - \rho'_g)h_2 \qquad \Delta p_{z2} = g(\rho_h - \rho_g)h_2$$

则

$$\frac{\Delta p_{z1}}{\Delta p'_{z1}} = \frac{\Delta p_{z2}}{\Delta p'_{z2}} = \frac{\rho_h - \rho_g}{\rho'_h - \rho'_g} \tag{1-50}$$

式中　h_1、h_2——分别为一、二层散热器至热源的高度，m；

ρ_g、ρ_h——分别为系统供、回水温度下的热水密度，kg/m^3；

ρ'_g、ρ'_h——分别为系统设计供、回温度下的热水密度，kg/m^3。

在热水供暖系统的温度范围内

$$\frac{\rho_h - \rho_g}{\rho'_h - \rho'_g} = \frac{t_g - t_h}{t'_g - \rho'_h} \tag{1-51}$$

即

$$\frac{\Delta p_{z1}}{\Delta p'_{z1}} = \frac{\Delta p_{z2}}{\Delta p'_{z2}} = \frac{t_g - t_h}{t'_g - t'_h}$$

对于纯粹自然循环双管供暖系统

$$\Delta p'_{q1} = \Delta p_{q1} = \Delta p'_{q2} = \Delta p_{q2} = 0$$

则有

$$\overline{G} = \frac{G_1}{G'_1} = \frac{G_2}{G'_2} = \sqrt{\frac{t_g - t_h}{t'_g - t'_h}} \tag{1-52}$$

将式(1-52)代入式(1-48)，得

$$\overline{G}^3 = \overline{Q}$$

或

$$\overline{G} = \overline{Q}^{1/3} = \left(\frac{t_n - t_w}{t'_n - t'_w}\right)^{1/3} \tag{1-53}$$

通过上述分析可知，对于单纯自然循环作用的双管供暖系统，当系统相对流量 $\overline{G}$（或 $\overline{G}_1$、$\overline{G}_2$）满足式(1-52)或(1-53)时，即可保证各层房间室温都为设计室温 t'_n。亦满足式(1-52)、(1-53)的流量分配时，各层室温不再存在热力工况的垂直失调。从公式推导过程看出，对于单纯自然循环，上述关系式自然满足，不需要进行任何调节。但是供热系统在循环水泵作用下运行，起主要作用的是水泵的强制作用压头，此时

$$\overline{G} = \sqrt{\frac{\Delta p}{\Delta p'}} = \sqrt{\frac{\Delta p_q + \Delta p_z}{\Delta p'_q + \Delta p'_z}} \neq \sqrt{\frac{\Delta p_z}{\Delta p'_z}} = \sqrt{\frac{t_g - t_h}{t'_g - t'_h}}$$

即难以满足式(1-46)、(1-47)的要求，出现热力工况垂直失调就很难避免。为防止热力工况垂直失调，使相对流量 $\overline{G}$（含 $\overline{G}_1$、$\overline{G}_2$）满足式(1-52)、(1-53)，必须通过调节，强制

$$\sqrt{\frac{\Delta p_q}{\Delta p'_q}} = \sqrt{\frac{\Delta p_z}{\Delta p'_z}} = \sqrt{\frac{\Delta p_q + \Delta p_z}{\Delta p'_q + \Delta p'_z}} = \sqrt{\frac{t_g - t_h}{t'_g - t'_h}} = \overline{G} \tag{1-54}$$

将式(1-54)与运行调节基本公式(1-1)、(1-2)联立、化简，即得式(1-55)，(1-56)。这两式与式(1-53)共同组成双管热水供暖系统最佳调节的计算公式

$$\overline{G} = \left(\frac{t_g - t_h}{t'_g - t'_h}\right)^{1/2} = \left(\frac{t_n - t_w}{t'_n - t'_w}\right)^{1/3}$$

$$t_{\mathrm{g}} = t_{\mathrm{n}} + \frac{1}{2}(t'_{\mathrm{g}} + t'_{\mathrm{h}} - 2t'_{\mathrm{n}})\left(\frac{t_{\mathrm{n}} - t_{\mathrm{w}}}{t'_{\mathrm{n}} - t'_{\mathrm{w}}}\right)^{1/(1+\beta)} + \frac{1}{2}(t'_{\mathrm{g}} - t'_{\mathrm{h}})\left(\frac{t_{\mathrm{n}} - t_{\mathrm{w}}}{t'_{\mathrm{n}} - t'_{\mathrm{w}}}\right)^{2/3} \quad (1\text{-}55)$$

$$t_{\mathrm{h}} = t_{\mathrm{n}} + \frac{1}{2}(t'_{\mathrm{g}} + t'_{\mathrm{h}} - 2t'_{\mathrm{n}})\left(\frac{t_{\mathrm{n}} - t_{\mathrm{w}}}{t'_{\mathrm{n}} - t'_{\mathrm{w}}}\right)^{1/(1+\beta)} - \frac{1}{2}(t'_{\mathrm{g}} - t'_{\mathrm{h}})\left(\frac{t_{\mathrm{n}} - t_{\mathrm{w}}}{t'_{\mathrm{n}} - t'_{\mathrm{w}}}\right)^{2/3} \quad (1\text{-}56)$$

上述计算公式,虽然是在两层双管系统中得出的,但适用于任何层数的双管热水供暖系统。

根据上述分析可得出下列结论:

(1)双管热水供暖系统的最佳调节方式为质、量并调。随着室外温度的升高,不但要降低供水温度,而且要逐步减少系统循环流量。按照式(1-53)、(1-55)和(1-56)进行的质、量并调,之所以称为最佳调节方式,就是因为在这一供水温度和循环流量下运行,供热系统能够实现最佳工况;热力工况稳定,不存在垂直、水平热力失调;循环流量减少,可以节省电耗。而且需要指出,供热系统在设计条件一定的情况下,防止热力工况垂直失调的循环流量和供水温度值是唯一的。如以[例题 1-3]为例,当设计供、回水温度为 130/70℃ 的直接连接系统,在室外温度为 $t_{\mathrm{w}} = +5℃$ 时,最佳供、回水温度为 64.8/38.0℃,最佳相对循环流量 $\overline{G} = 0.67$(质调节时,供、回水 60.1/42.4℃,$\overline{G} = 1$)。在同一室外温度下,设计室外温度愈低,最佳循环流量愈小。

(2)双管热水供暖系统的垂直(或竖向)热力失调主要是由自然循环(重力循环)作用压头引起的。因此,供、回水温差愈大,系统的自然循环作用压头也愈大。在设计条件下,由于供、回水温差最大,因此高层散热器环路的自然循环作用压头也最大。在质调节方式下,随着室外温度的提高,供、回水温差愈小,高层散热器环路的自然循环作用压头减少的愈多,出现高层室温偏低现象。相反,对于底层散热器,随着供、回水温差的逐渐减小,与高层散热器相比,自然循环作用压头的差别也愈来愈小,形成底层室温偏高现象。在室外温度升高的情况下,为了维持高、低层散热器自然循环作用压头在设计条件下的固定比例,以防止产生热力工况垂直失调,必须适当增加供、回水温差,进而适当减少系统循环水量,这就是质、量并调能消除垂直热力失调的基本原理。根据同样原理,当系统存在水力工况水平失调,即系统循环流量小于最佳循环流量时,由于供、回水温差加大,高层散热器自然循环作用压头超过设计比例,导致上热下冷垂直热力失调。

此外还应指出:由于散热的传热特性,当循环流量大于最佳值或小于最佳值的百分比相同时,将有小流量引起的垂直热力失调远比大流量时来的严重。基于这一原因,质调节虽然不能消除垂直热力失调,然而能将其控制在一定的范围内。

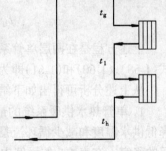

图 1-24 单管供暖系统

2. 单管热水供暖系统的最佳调节

图 1-24 为单管热水供暖系统示意图。根据运行调节的基本原理,将有

$$\overline{Q} = \overline{Q}_2 = \overline{q}_2 = \left(\frac{t_g + t_1 - 2t_n}{t'_g + t'_1 - 2t'_n}\right)^{1+\beta} = \left(\frac{t_1 + t_h - 2t_n}{t'_1 + t'_h - 2t'_n}\right)^{1+\beta}$$

或

$$\overline{Q}^{1/(1+\beta)} = \frac{t_g + t_1 - 2t_n}{t'_g + t'_1 - 2t'_n} = \frac{t_1 + t_h - 2t_n}{t'_1 + t'_h - 2t'_n}$$

$$= \frac{t_g + t_1 - 2t_n - t_1 - t_h + 2t_n}{t'_g + t'_1 - 2t'_n - t'_1 - t'_h + 2t'_n}$$

即

$$\overline{Q}^{1/(1+\beta)} = \frac{t_g - t_h}{t'_g - t'_h} \tag{1-57}$$

式中 t_1——一层散热器进口水温,℃。

又因

$$\overline{Q} = \overline{Q}_3 = \overline{G} \frac{t_g - t_h}{t'_g - t'_h}$$

将其代入(1-57)得

$$\overline{G} = \overline{Q}^{\beta/(1+\beta)}$$

或

$$\overline{G} = \left(\frac{t_n - t_w}{t'_n - t'_w} \right)^{\beta/(1+\beta)} \tag{1-58}$$

又因

$$\frac{1}{2\overline{G}}(t'_g - t'_h)\overline{Q} = \frac{t'_g - t'_h}{2\overline{Q}^{\beta/(1+\beta)}}\overline{Q}$$

或

$$\frac{1}{2\overline{G}}(t'_g - t'_h)\overline{Q} = \frac{1}{2}(t'_g - t'_h)\overline{Q}^{1/(1+\beta)} \tag{1-59}$$

将式(1-59)代入(1-1)、(1-2),也得

$$\overline{G} = \left(\frac{t_n - t_w}{t'_n - t'_w} \right)^{\beta/(1+\beta)}$$

$$t_g = t_h + (t'_g - t'_n)\left(\frac{t_n - t_w}{t'_n - t'_w} \right)^{\beta/(1+\beta)} \tag{1-60}$$

$$t_h = t_n + (t'_h - t'_n)\left(\frac{t_n - t_w}{t'_n - t'_w} \right)^{\beta/(1+\beta)} \tag{1-61}$$

上述方程是在两层单管系统中推导的,但其适用于任何层数的单管热水供暖系统。公式(1-58)、(1-60)和(1-61)即为单管热水供暖系统最佳调节的计算公式。

从上述分析可得出如下结论:

1. 单管热水供暖系统的最佳调节方式也为质、量并调。随着室外温度的升高,同样要降低供水温度和减少循环流量。在最佳供水温度和最佳循环流量下,供热系统保持热力工况的稳定。在表1-6的示例中,当室外温度 $t_w = -4.1$℃时,最佳相对循环流量 $\overline{G} = 0.89$。如仍以[例题1-3]的130/70℃直接连接的供暖系统为例,当室外温度升高至 $t_w = 5$℃,系统最佳供、回水温度为63.4/39.1℃,最佳相对循环流量 $\overline{G} = 0.73$。还可看出,在相同的条件下,双管热水供暖系统的最佳相对循环流量略低于单管热水供暖系统。

2. 引起单管热水供暖系统垂直热力失调的原因,是由于散热器表面平均温度不同,使散热器传热系数 K 值发生变化而造成的。在设计状态下,高层散热器的平均温度最高,比系统的供、回水平均温度高出得最多,而底层散热器的平均温度则比系统供、回水平均温度低得最多。随着室外温度的升高,系统供水温度的降低,高层散热器的平均温度比系统供、回

水平均温度高出的数值愈来愈小,造成高层室温偏冷。相反,底层散热器的平均温度则愈来愈接近系统的供、回水平均温度,因而底层室温逐渐偏热。为了补偿散热器不以同一比例减小的影响,应适当提高系统供水温度,降低系统回水温度,进而减小相对循环流量。

同样由于散热器的传热特性,与最佳相对循环流量相比,小流量比大流量能引起更严重的垂直热力失调。因此,质调节可使热力垂直失调控制在较小的范围内。

实例　北京安贞西里小区供暖系统水力平衡工程

安贞西里小区位于北京安定门外,是 1985 年成片开发的住宅新区。小区采用区域锅炉房集中供热,锅炉房装备有单台容量为 14×10^6W(12×10^6kcal/h)热水锅炉 6 台。系统一次网供回水设计温度为 130/80℃,二次网供回水设计温度为 95/70℃,通过 6 个热交换站间接连接,供安贞西里和安华西里两个居民小区供暖用热。计划小区面积约 100 万 m²,目前小区建筑面积为 73 万 m²。由于各种原因,小区供热效果较差,相当数量住户的室温低于16℃,有的只有 10℃左右,每年要收到几百封居民的投诉信件。经实测诊断,系统主要问题为:(1)系统没有水力平衡手段,一、二次管网水力、热力失调严重;(2)锅炉运行参数(压力和温度)始终未达到设计值;(3)热力站部分螺旋板换热器内阻力过大并且串水。此外,地沟内管道保温局部损坏脱落,失水量大等。

测定结果表明,一、二次管网都处于大流量、小温差的不合理运行状态。一次管网计算循环水量为 960t/h。在开启两台循环泵的情况下,总回水量为 1334t/h,超过计算值 36%。运行三台泵时一次网总回水量 1536t/h,超过计算值 56%。二次管网同样也处于大流量、小温差的运行状况。一次网的设计供回水温差为 50℃,而实际运行时只有 15~20℃。同时,一、二次网均处于水力失调状态。一次网在开启两台泵时其 6 个热力站尽管 5 个热力站的一次水量超过设计水量,其中一个站的水量达到设计水量的 128%,但仍有一个热力站只获得 76%设计水量。即使运行 3 台泵,那个热力站也不能获得要求的设计水量。二次网同样存在水力失调,如 1 号、13 号、22 号、25 号楼流量为设计值的 87%、79%、227%和 32%。这与平时居民反映 22#楼过热、25#楼供热质量差的事实是一致的。1991 年 2 月 24 日曾对二区 1#及 25#楼实测室温(当日室外日平均温度为 -3.9℃),结果说明绝大多数住房都未达到 16℃,最高 19℃,最低仅 9.8℃。

为了达到平衡供暖,采取了三方面的措施,首先是应用以平衡阀及其专用智能仪表为核心的管网水力热力平衡技术。根据管网的实际情况及实测结果,在一次管网中各热力站的回水管二次管网中各分支管路的回水管及各栋楼入口的回水管上均设计安装了平衡阀,共计 215 个(安华里二次水仅在回水管上安装平衡阀)。

在 1991 年供暖期初期对各平衡阀进行调试,使系统获得水力平衡。一次网流量达到了合理分配,两台泵运行时的总流量从测试诊断时的 1334t/h 降至 965t/h,减少了 28%,消除了大流量小温差的不良运行状况。6 个热力站的实际水量基本符合设计水量值(在 98%~127%间)。二次水各环路也调试到设计值。如仍以 1 号、13 号、22 号、25 号楼而言,调试后的实际流量为设计流量的 116%、117%、118%、83%。

第二个措施是更换扬程较低的补水泵,使回水定压从 0.35MPa 提高到 0.5MPa,使一次水供水温度达到 115℃,提高了锅炉的供热出力。同时,还更换了部分热力站的热交换器,使热交换效率提高,阻力下降。

第三个措施涉及到系统的合理运行调节。根据计算,绘制了系统一次水供回水温度在不同室外温度下分三个阶段改变流量的质调节曲线。此外,还对某些不合理的供暖管道作了技术改造等。

通过上述改造措施,大大提高了供热品质,在1991~1992年供暖期间未收到居民关于温度偏低的投诉,现场调查测定表明,系统中全部室温均达到16℃以上。住户普遍反映改造后的室内温度比以往要高2~3℃。从锅炉运行台数来看,比以往少运行1台(以往严寒期开5台、平时开4台,改造后严寒期运行4台,平时运行3台)。少运行1台锅炉及1台水泵(包括锅炉鼓、引风机),相当于节省电耗219kW,即一个供暖季节省68万kWh电,按电价0.16元/kWh计,一个供暖季节省的电费10.9万元,平衡阀的投资为24万元(包括平衡阀费用及管网中拆下旧阀、安装平衡阀的安装费用等),光节省的电费就可在当年回收近50%的投资费用。

第二章　供热系统的运行管理

供热系统在运行中,为了安全可靠,经济地向各用户供热,除设计先进合理,施工安装质量完好外,还应对系统进行科学的运行和管理。供热系统的运行分试运行和日常运行,对新装、改装和大修后的供热系统,运行是从试运行开始,而日常运行即为供暖运行。

本章主要介绍供热系统日常运行的启动、维护、检修故障处理以及科学管理等内容。

第一节　供热系统的运行启动

供热系统的启动过程包括两方面的操作内容,一是锅炉的启动,二是管网和用户启动。对热水供热系统来说,这两方面的内容是同步进行的,而蒸汽供热系统是分两步进行的。

一、供热系统启动前的准备工作

冬季正式供暖前,必须做好供热系统的检查和准备工作,准备工作若不充分,常常会出现一些故障和事故,使系统的启动不能正常顺利地进行。

(一)锅炉启动前的准备工作

锅炉生火前应准备好锅炉用的燃料、引火物和各种工具,对锅炉必须进行全面细致的检查,检查内容包括以下几个方面。

1. 锅炉的内部检查　对新安装或检修后的锅炉,在关闭入孔、手孔前,应检查锅筒、集箱内是否清洁,有无油污及工具或其他杂物遗留在内,检查水管、受热面管子内有无焊瘤或杂物堵塞。对长期停运的锅炉,尚应检查受热面及其他受压部件有无腐蚀、水垢及烟灰,能否保证锅炉安全运行。

2. 锅炉的外部检查　应检查燃烧设备是否完好,并查看试运转验收卡片,检查炉膛内是否完整清洁,受热面及尾部受热面是否清洁无烟灸,吹灰装置是否灵活、严密,烟道挡板位置是否正确,开关是否灵活,炉墙是否完好严密,炉膛、外墙的砖缝是否符合砌筑质量要求等。

3. 安全附件的检查　检查水位表、压力表、安全阀、排污阀等安全附件及阀门是否符合要求,操作是否灵活可靠。

4. 其他　检查转动机械是否灵活,润滑情况是否良好,鼓、引风机是否试运转,空载电流量是否合格,给水设备是否可靠正常,各部分阀门是否已检修试压,是否严密等。

检查完毕认为合格后,即可向锅炉进水,进水时,应将锅炉上部空气阀打开,当无空气阀时,可抬起安全阀,进水时应注意,水位不可过高,当水位达到锅炉水位表的最低水位线时,应停止进水。进水速度不应太快,在水温较高时尤应缓慢,以防进水太快而产生冷热不均引起泄漏,进水时间一般夏季不少于 1h,冬季不少于 2h。进水温度一般要求不超过锅炉温度50℃。进水后如水位降低应查明漏水处并加以处理,如停止进水后,水位仍继续上升,说明进水阀不严,也须修理或更换阀门。

锅炉生火前,应再检查一下各部阀门的开关情况及有无泄漏,并应将主汽阀,进水阀及水位表放水旋塞关严,将水位表汽、水旋塞打开。调压力表至工作状态后,将其旋塞打开。对热水锅炉,还应开启供水回总阀门。有省煤器的锅炉,应打开旁通路烟道或省煤器再循环管上的阀门。打开烟道档板和风门,进行炉膛、烟道通风,有引风机的通风 5min,自然通风一般 10～15min,以排除烟道内残存烟气。

(二)系统启动前的准备工作

供热系统在停运期尽管做过检修和全面的检查工作,但在每年供暖前同样要做好准备工作。

1. 热水供热系统启动前的准备工作

首先应对系统进行全面的检查,检查内容如下:

(1)系统管道和附件是否良好,有无损坏、缺损,保温层是否完好;

(2)阀门操作是否灵活,压力表是否正常;

(3)散热设备有无缺陷、是否有损坏,手动放风阀操作是否灵活;

(4)检查恒压设备、膨胀水箱和膨胀管是否完好。

检查完毕后,应进行系统的放水、充水工作。启动前要从末端放水,检查水是否有铁锈和污物,如水中有铁锈和污物可边充水边放水。系统充水时应使用水质符合要求的软化水,不宜使用暂时硬度较大的水。当软化水源的压力超过系统静压时,可直接用软化水向系统充水,当软化水源压力低时,需用补水泵进行充水,没有补水泵,可用循环水泵充水。冬季外部管网的充水应用 65～70℃ 的热水。管网充水一般从回水管开始,先关闭全部排水阀,开启管网所有排气阀,同时开启管网末端循环管上的阀门,一次充水。对大型管网宜分段充水,由近及远,逐段进行。外部管网充满水并通过外网循环管开始循环后,即可关闭外网循环管,由远到近、由大到小逐个向用户系统充水。用户系统充水时,对上分式系统应从回水管向系统充水;对下分式系统,应从供水管向系统充水,以利于系统空气的排除。充水时,应开启用户系统顶部的放气阀,充水速度不宜太快,以便空气慢慢排出。整个系统充水完毕后,把系统阀门打开,用循环泵进行循环,检查是否缺水,如缺水应及时补水。

充水后,注意检查系统有无渗漏,如有应及时修理。

对新建、改建和扩建的供热系统在充水前应进行冲洗,以清除管网和用户系统中的污泥、铁锈、泥砂和其他在施工中掉入管道内的杂物,防止在运行中阻塞管道和散热设备。

2. 蒸汽供热系统启动的准备工作

蒸汽供热系统在启动前也应做全面的检查工作,检查内容除与热水供热系统相同外,还应检查必要装置如疏水器、减压阀是否正常。

蒸汽供热系统启动前除做检查工作外,还应进行暖管。暖管方法在后面将要介绍。

二、中、小型供热系统运行启动的步骤和方法

(一)热水供热系统的启动

热水供热系统的启动,锅炉与热力网及热用户是同步进行的。当系统充水结束后,即可启动运行。启动步骤和方法如下。

1. 循环水泵启动前,应先开启位于管网末端的若干个热用户或用户引入口旁通管阀门。

2. 启动循环水泵。为了防止电动机电流过大,采用闭闸启动,即关闭循环水泵出口阀门,启动后再逐渐开大水泵出口阀门,直至全部开启。

3. 在系统启动过程中,要注意观察系统各点的压力,特别是锅炉出口压力和定压点压力,随时调节管网给水阀门的开度,使给水压力控制在一定的范围内。

4. 系统启动时,要逐步开启热用户的阀门,其顺序由远至近,由大用户至小用户,在开启热用户时必须注意以下几点要求:

(1)在系统启动前,应检查热用户入口处的压力,根据压力决定供回水阀门的开度。开启用户时,一般应先开启回水阀门,然后开启供水阀门。

(2)开启后,给水管压力不得大于用户系统所用散热器的承压能力(对于一般铸铁散热器的工作的压力为 0.4MPa),其回水管压力不得小于用户系统高度加上汽化压力,供回水管压力差应满足用户所需的作用压力。

(3)启动完毕后,将管网末端用户引入口旁通管阀门关闭。

5. 系统启动后,热水锅炉开始点火。不同燃烧设备其点火操作方法不同,这里简单介绍一下链条炉的点火操作方法。

生火前,应将煤闸板提到最高位置,在炉排前部约 1m 长铺 30～50mm 厚煤,煤上铺木柴、油棉纱等引火物,在炉排中后部铺一层炉灰。点燃引火物,当煤点燃时,调整煤层闸板,缓慢转动炉排,并调节引风机,以加快燃烧。当燃煤移动到第二风门处,适当开启第二段风门,在燃煤移动到第三、四风门处时,依次开启第三、四段风门。当底火铺满后,适当增加煤层厚度,相应地调节风量,以提高炉排运转速度,维持炉膛负压 20～30Pa。升火时系统的水必须进行循环,要注意使锅炉和系统的水温缓慢上升,当供水温度接近供暖温度时,检查一下锅炉的入孔、手孔及系统阀件有无渗漏现象。

(二)蒸汽供热系统的启动

蒸汽供热系统的启动分两步进行,一是锅炉的升压过程,二是暖管供汽。

1. 蒸汽锅炉的升压

蒸汽锅炉与热水锅炉点火方法相同,锅炉点火后,火势应由微到大逐渐加强,待由空气阀或抬起的安全阀冒出蒸汽后,关闭空气阀或放下安全阀。当锅炉压力升到 0.05MPa 时,应冲洗水位表,同时拧紧入孔和手孔盖的螺栓;当锅炉压力升到 0.1～0.15MPa 时,应冲洗压力表弯管,并校验压力表,当锅炉压力升到 0.2MPa 时,打开锅炉下部定期排污阀排污,以辅助炉水压循环,减少其温差,使锅筒受热均匀,当锅炉压力升到 0.3～0.35MPa 时,应试开注水器或蒸汽注复泵,检查给水设备是否正常。

当锅炉压力升到工作压力时,应调整安全阀。在调整安全阀时,应注意压力表指针的位置,保证汽压不超过锅炉允许的最高压力。锅炉水位要保持在低于正常水位线。切实注意不要缺水。安全阀调整后,再加大火势,使压力上升,进行一次安全阀自动排汽试验。

锅炉汽压升至工作压力后,如需与另外运行锅炉并列送汽时,应做好并炉工作,但并炉前,应进行暖管。锅炉正式供暖前,应对锅炉的附件和仪表进行一次全面检查。

2. 蒸汽供热系统的暖管

为使管道、汽阀、法兰等受热均匀,将管内凝结水驱出,防止产生汽水冲击现象,所以供暖前必须进行暖管。

暖管先供热管网后用户,具体步骤如下:

(1)供热管网通汽暖管前,应关闭各用户的供汽阀门,拆除管网上不应吹洗的压力表、疏水器等,吹洗后再装上。

(2)供热管网的暖管应从离热源近的管段开始逐段进行,送汽的同时,应打开排汽阀及疏水器旁通阀,边送蒸汽边排除管内空气及凝结水。

(3)暖管时应缓慢开启主汽阀或主汽阀上的旁通阀半圈,缓慢送汽,送入的蒸汽量不能太多也不能太少,太多管道会升温过快产生剧烈变形及水锤现象,太少管内有可能形成真空,影响凝结水的排出。

(4)暖管时,如管道发生振动或水击,应立即关闭主汽阀,同时迅速排除凝结水,待振动消除后,再慢慢开启主汽阀,继续进行暖管。

(5)待管内汽压接近炉压力,管网首末端温度一致后,开始吹洗。吹洗时,蒸汽流速应保持在 $20\sim30m/s$,蒸汽吹出管引至安全地点,到吹出管排放出洁净蒸汽为止。

(6)供热管网吹洗后,接上疏水器、压力表等吹洗前拆除的装置,将疏水器旁通阀关闭,把主汽阀全开,使送汽压升高,直到汽压达到工作压力。能单独送汽为止。

(7)在供热管网送汽正常后,即可由远到近、由大用户到小用户逐步向用户送汽。向用户送汽时,应依次由远到近开放各并联立管管路。

(8)送汽时,各环路阀门均处于最大开启状态,全开后再回转 $1\sim2$ 圈,以供调节。

在系统启动完毕,各热用户的流量已得到初步分配的基础上,即可开始系统的初调节。

三、供热系统启动中应注意的问题

供热系统的启动是供暖运行的开始阶段,对锅炉设备以及管网、用户来讲,也是由静到动,从冷到热的一个转化过程,因此,启动运行中应注意以下几个问题。

1. 必须做好启动前的准备工作。

2. 供暖前管网要冲洗和充水。对新建、改建和扩建的系统充水前要进行冲洗,冲洗的目的是为了清除管网和用户系统中的污泥、铁锈、砂子和其他在施工中掉入的铁渣和杂物。对已运行过的系统边充水边清洗,以清洗系统内铁锈和污物,防止在供暖运行过程中阻塞管路或散热器。充水的顺序为锅炉→外网→用户。

3. 系统的排气。充水过程中,应打开锅炉,管网及用户系统最高点的排气装置,以排除系统中空气,防止形成气阻或气塞。

4. 升火与升温的速度不能太快,以利于锅炉及炉墙各部均匀膨胀,防止连接处应力集中造成损坏。

5. 要严密监视锅炉的水位和压力。对蒸汽锅炉而言,水位应控制在最低水位线以上,正常水位线以下,因炉水随着生火温度逐渐提高,体积要膨胀,水位上升。对热水锅炉,锅炉内应充满水。锅炉出口压力应控制在规定范围内,若有变化,应查明原因,及时排除。

6. 要注意供热系统的调平。供热系统在启动运行时,往往会出现冷热不均的热力失调现象,解决热力失调的办法是进行网路的平衡调整,即供热系统的初调节与运行调节,调节方法见第一章。

第二节　供热系统的维护、故障处理及检修

为保证供热系统安全可靠地运行,保证供热质量,必须加强供热系统的维护管理,及时处理运行中出现的各种故障,做好供热系统的检修管理工作。

一、供热系统的维护要求

(一)锅炉房运行期间设备的维护要求

1.锅炉的维护要求

(1)控制燃烧室内的负压。负压太高,燃烧室吸入的冷空气量增加,降低了燃烧室内的温度,增大排烟损失;负压过低,容易造成燃烧室内的火焰和热烟气从炉门、拨火门或看火门喷出,引起烧伤司炉和损坏设备的事故。因此,锅炉在运行期间,燃烧室内应维持一定的负压。燃烧室内负压的调整,主要靠增、减送风量和引风量来完成。

(2)水温或水位和汽压的调节。锅炉正常运行时,对于水温、水位、汽压和汽温等都要进行控制操作,且应随时进行调节。

对热水供暖锅炉,水温一般是根据室外空气温度的变化进行调节,相应地增加或减少给煤量,加强或减弱锅炉的送风,锅炉运行中要注意防止炉内的水汽化。

蒸汽供暖锅炉内的水位变化时,汽压和汽温也会发生变化,甚至会发生缺水或满水事故。因此,锅炉运行中应保持锅炉内的水位在正常水位线附近并有轻微波动。

蒸汽供暖锅炉的汽压应维持在规定的压力范围内,当汽压趋向下降时,应适当增加给煤量和送风量,强化燃烧,增大蒸发量,满足用热负荷的要求;反之,减少给煤量和送风量,减小蒸发量,以适应负荷的变化。当汽化超过最高允许压力时,安全阀必须能自动启动排汽。

(3)受热面的吹灭。容易积灰的受热面,如水管锅炉的对流管,火管锅炉和快装锅炉的火管,以及锅炉尾部的省煤器管,都应定期吹灰,以便改善其传热。吹灰的间隔时间视锅炉类型和煤质而定,水管锅炉每班至少一次,火管锅炉每周不少于一次。

(4)锅炉排污。为了改善锅炉的炉水品质,防止受热面结垢,锅炉必须进行排污。排污方式有两种,即定期排污和连续排污。

定期排污主要是排除炉水中的沉淀污垢,定期排污时间每次约 0.6～1min,排污间隔,对于蒸汽供暖锅炉,一般是每班进行一次,对于热水供暖锅炉几天或一周以上进行一次。定期排污前必须把炉内水位调节到稍高于正常水位,排污时要特别注视炉内水位变化,注意不得使水位降到安全水位以下,以免发生意外。

(5)压火和扬火。当室外空气温度较高需要停止锅炉运行时,可以进行锅炉压火,需要锅炉继续运行时再扬火,压火和扬火不宜过于频繁,以免锅炉金属来回胀缩而引起胀管或其他部位漏泄。

(6)清灰。锅炉运行期间要定期打开烟道和烟囱低部的清灰口,清理掉内部的积灰。

2.省煤器的维护要求

省煤器在运行中,严格禁止开动排污阀,以防给水走短路,将省煤器管烧坏,为提高省煤器效率,应每班吹灰一次,省煤器出水温度应低于炉水饱和温度 40～50℃,以防产生蒸汽,造成省煤器事故。

3.风机的维护要求

鼓风机、引风机的安装地点应勤打扫,经常保持清洁,特别是易积灰处。

室外安装的引风机轴承用水冷却时,必须保持轴承冷却水畅通,引风机停车后应及时放水,以免冻坏轴承。

鼓、引风机运行期间,轴承温度不应超过 40℃,手摸轴承应当不烫手,轴承箱内油量不足时应及时添加干净合格的新油。

风机运行期间，要注意风机的电动机是否过热，电流强度是否保持正常。

风机运行中应没有碰撞、摩擦声，基础不出现过度振动。如果声响异常，应当停机检查，排除故障，风机运转中要经常注意它的地脚螺栓是否松动，应当把地脚螺栓上的螺母拧紧。

4．除尘器的维护要求

(1)控制好进入除尘器的烟气流速。

(2)定期排出除尘器内积灰，保持烟气畅通。

(3)维持除尘器严密。

(4)定期检查除尘器内部，清除堵塞物，更换或修补遭到严重腐蚀和磨损的除尘器，经常敲铲它的外表面并除刷防锈漆。

5．水泵的维护要求

(1)水泵的轴承应经常充满干净的机油，以免轴承过热和过早磨损，轴承处温度不应超过70℃。

(2)填料盒中填料压紧程度以填料盒中水滴呈滴状滴出为宜。

(3)经常检查水泵地脚螺栓上螺母拧紧程度，螺母松动，应及时紧固，水泵压水和吸水口法兰上的螺母按同样方法处理。

(4)水泵运行期间要经常注意其工作状况的变化，从水泵运行时发出的声响中判断水泵工作是否正常，若有故障，必然会出现异常声响。

6．压力表、温度计的维护要求

运行中，压力表的表管和旋塞均不应泄漏，压力表每周要冲洗一次，保持压力表表面清洁，发现压力表有异常变化，应及时查明原因。在更换压力表时，必须使用经过检查，并有铅封的压力表，使用压力表每半年必须校验一次。

运行期间温度计套管中应充满机油、缺油时要及时补充。温度计不宜设置在人们频繁活动的场所，以免碰坏。

7．安全阀的维护要求

安全阀每周做一次手动排汽试验，每月应进行一次自动排汽试验，以防安全阀的阀芯和阀座粘住，造成动作失灵。如发现安全阀泄漏，应停炉检查。安全阀杠杆上严禁随意增加重物，同时要注意悬挂重锤的安全阀是否咬住或重锤顺杠杆移动。严禁无关人员擅自触摸安全阀，安全阀定压后应加铅封或上锁，运行期间要定期进行检查。

8．阀门的维护要求

循环水泵附近的闸阀每月要开关检查一次，以了解其动作是否灵活，开关阀门严禁使用铁杆、钢管或不合规定长度的扳手，以防阀杆及手轮损坏。闸阀填料盒漏水严重时，应取下闸阀，用浸油的亚麻绳作为填料重新填装填料盒。闸阀阀盖同阀体法兰之间垫片处漏水，应十字交叉用力均匀地拧紧螺栓上的螺母。截止阀填料盒在运行中漏水时也要拉紧压盖上的螺栓，漏水不停要重装填料。

9．除污器的维护要求

系统运行期间应定期冲洗和清理除污器内的污物，冲洗时拧掉外壳底部的丝堵，用通过除污器的水流冲出沉积在它内部的脏物，丝堵口流出清水后再拧上丝堵。除污器内部金属网格堵塞，应卸开清扫孔法兰盖，用人工清理。

10．水位计的维护要求

水位计玻璃管应经常擦拭干净,保持玻璃透明。锅炉运行期间应避免寒冷的穿堂风直接吹到水位计玻璃管上,以免玻璃管受骤冷而断裂,如玻璃管断了,应及时更换。水位计要经常检查,水、汽旋塞和冲洗旋塞漏水漏汽应及时修理。为使水位计经常保持正常状态,每班至少要吹洗三次。

(二)供热管网运行期间的维护要求

1. 巡线检查

供热管网在运行期间要定期地巡线检查。检查各个地方的压力表、温度计是否符合要求,并要经常校验,使指示的读数正确无误。检查地沟和检查井是否完好无损,沟顶和井顶的回填土有无不均匀沉陷,地沟和检查井是否浸入地下水或地表水;阀门、管道、伸缩器和支架等工作是否正常,有无出现故障的迹象和发生事故的苗头;绝热层及保护层有无损坏;管道沿线连接部位是否有漏水漏汽现象,管道是否沉陷等。巡线检查时发现的问题,若现场能处理应立即处理,不能现场处理的应先做上记号并记入记事本或"运行日志",过后处理。

巡线检查中还应注意排出管网中的空气,防止空气在管网中形成"气囊"影响正常的运行。

2. 管网地下构筑物的维护

地下敷设的管网运行期间,要特别注意检查井的状况,并应经常维护。

检查井井壁开裂的原因是当大直径管道的固定支架直接做在检查井的井壁上时,管道运行期间由于热伸长产生的推力作用到支架上,而支架又把这个力传至井壁上造成,或者是地下水、地表水及管道漏水进入井内而使井壁发生了不均匀沉陷造成。

为使地沟保持良好的工作环境,地沟内的排水设施要经常清洗和疏通,检查井集水坑中的水要及时排出。

3. 管道的腐蚀及其预防

管道腐蚀是管网运行中最常见也最难处理的问题之一。

管道内外部的腐蚀,主要是空气中的氧及二氧化碳与管道金属壁反应造成,另外管道内水或蒸汽中的酸、碱、盐对管道也有腐蚀,除此之外,管道内沉积的杂质或其他脏物也会对管道产生腐蚀。

减少管道腐蚀就要在运行期间,定期进行排气和排污。管网排气应指定专人定期进行,排气时要等到从排气管流出热水或喷出蒸汽后,才能关上排气管上的阀门。凝结水管路必须定期排污,排污时应当造成较高的水流速度,依靠强有力的水流把脏物冲出。

(三)用户系统运行期间的维护要求

1. 热力入口的维护

对于直接连接的热力入口,在运行期间应关闭入口处供回水管之间连通管上的阀门。必须保证入口阀门初调节后的开启度。因为阀门开启度的变化,不仅使本用户系统的水力工况和热力工况发生变化,而且也会使整个供热系统的水力工况和热力工况产生变化。如果阀门曾经加过铅封,或者在阀杆上刻有标记,也要注意铅封是否完好,标记是否移位。

对于有喷射器或减压阀等的热力入口,要注意它们前后的压力表、温度计的读数是否符合要求,如不符合要求就要考虑到是否存在堵塞或使用太久磨损过多等,应及时检修或更换。

对于装有拦截脏物用的除污器或金属网格要进行定期清理。

2．疏水器的维护

检查疏水器工作状况是否正常，可用听诊法或触觉法。浮桶式或钟形浮子式疏水器工作正常时，可听到阀尖或滑阀同疏水阀座有节奏的轻微的撞击声，而热动式疏水器则会发出轻微的跳动声，或在停止疏水期间，正常工作的疏水器后的排水管用手摸是冷的。

运行期间疏水器损坏，若不能立即修复且短期内又无新的疏水器时，可安装节流孔板代替，也可用安装两个串联的截止阀代替。疏水器开启度由蒸汽压力定，疏水器每工作1500～2000个小时检修一次，当疏水器有滤网时，要定期清理滤网。

3．用户系统的日常维护

供热系统运行期间要定期打开排气装置的阀门进行排气，对系统中的管路、阀门、散热器、支架等，要经常注意观察它们的工作状况有无异常。蒸汽供热系统最常见的毛病是管路堵水，若疏水器未发生故障，应采用重新调节的方式改善。

运行期间还要特别注意那些容易受冻的部位，如安装在不供暖房间的膨胀水箱、集气罐及连接管道，安装在外门附近和楼梯间的散热器，敷设在外门门下的过门管等，必须采取可靠的防冻措施。

(四)供热系统停运后的维护

供热系统停止运行前，必须对系统进行一次全面细致的检查，所有运行期间暴露的缺陷和发生的损坏，都应做上明显记号并记录入册，以便停止运行期间有计划、有目的地加以检修。

1．供暖锅炉的除垢

经过供暖期运行后若锅炉结垢比较严重，停炉后应安排时间进行除垢。常用的除垢方法有机械除垢和化学除垢，采用哪种方法除垢应根据水垢的性质和结垢程度确定。

2．供热系统停运后的放水、冲洗和养护

供热系统停止运行后，可根据需要放掉锅炉中的水，同时也可放掉管网中的水，继而放掉用户系统的水，再用清水冲洗各部分两三次，然后分别进行停止运行后的养护。

放水和冲洗期间，管网中所有阀门都要保持全开状态，以免放水和冲洗后管道中留下存水的死角。放水和冲洗之后，要一一关好所有排气阀和放水阀。其余阀门应根据系统所采有的保养方法决定开关。

系统放水和冲洗后，应对水泵、水箱、除污器、分水器、集水器等进行专门清理。

整个系统在放水和冲洗后，应进行停运后的全面检查，把检查中的所有缺陷均做上记号，并登记入册，连同运行中来不及处理的缺陷一同填入"缺陷一览表"，作为系统检修的依据。

3．系统停止运行期间的保养

(1)热水供热系统的保养

热水供热系统一般采用充水保养亦称为湿法保护。系统停止运行后，放掉系统中的水并冲洗干净，重新充入经过化学处理的水，并把锅炉烧起来，打开排气阀，排除空气后，把所有的阀门关好，停炉熄火，让水逐渐冷却，把水留在系统中，直到下次开始运行。

热水供暖锅炉通常同整个系统一起充水保养，若锅炉能隔断同管网的连系，也可采用干法保养。

(2)蒸汽供热系统的保养

蒸汽供热系统停止运行后，一般是空管停用，系统放水和冲洗之后不再进行充水，让管

道系统空着,一直保持到下一个供暖期开始。

系统的放水和冲洗必须特别仔细,不得在任何地方留下积水,而且要把所有的阀门关严,保证没有漏气的地方,否则空气从不严密处渗入管内,会造成管路系统强烈的腐蚀。尽管采取了一定的措施,但系统内部的腐蚀仍难于避免,因而最好的办法是同热水供热系统一样,采用充水保养。

蒸汽供暖锅炉一般采用同系统管网隔开单独停炉保养。即干法保养,其做法为:

锅炉停运后,将炉水放尽,清除水垢和烟灰,先用微火将锅炉烘干,在锅筒内放干燥剂,一般用生石灰和氯化钙,按每立方米容积加 2~3kg 计算,将干燥剂放在敞口的搪瓷盘中,均匀放在锅筒内,如用硅胶作干燥剂,也可用布袋吊装在锅筒内,用以吸收潮气。使用干法保养,阀门、孔洞一定要密封好,每隔 2~3 月检查一次,必要时更换干燥剂。

4. 系统停止运行期间的日常维护

为保证系统运行时能正常工作,系统停止运行后必须认真地进行日常维护。

系统停止运行期间,要定期检查整个系统,注意各部件的状态变化。凡是人能通行的地沟要定期进入沟内巡线检查,充水保养的管道和阀门漏水要及时修理。对于阀门要定期活动,以免生锈,最好是在系统停运后,把所有阀门的阀杆和螺母、螺栓涂上润滑油。

外网停运期间的防水防潮问题必须引起充分注意,一定要防止地下水、地表水进入地沟,地沟一旦被水浸淹,必须立即组织排水。地沟附近土壤比较潮湿或被水浸淹后,应打开地沟检查井盖通风干燥。即使不曾出现上述情况,地沟内也应定期进行通风换气。

供热系统停止运行后,应按预行制定的计划进行全面检修,以便为下次运行作好一切准备。

二、供热系统常见的运行故障及排除方法

(一)热水锅炉运行中常见的故障及其处理

1. 锅炉漏水

锅炉漏水主要是锅炉受热面金属壁腐蚀穿孔、结垢严重而过热出现裂缝及水管锅炉的胀管质量低劣所致。

漏水不严重,可继续维持锅炉运行,若漏水严重,应立即停炉检修。

2. 燃烧室内负压破坏

负压破坏,燃烧室内变成正压,烟气和火焰将会经打开的炉门、看火门或拨火门向外冒,容易造成烧伤工作人员事故。

负压破坏的原因有炉门、看火门或拨火门损坏或不严密空气进入燃烧室;锅炉引风系统阻力增加;引风装置出了毛病及烟道、烟囱漏气等。

为防止燃烧室负压破坏,必须使炉墙上各种门孔密封,定期打开清灰口扒出积灰保证烟道、烟囱的严密性,若引风装置出现故障,应及时处理。

3. 炉墙或炉拱损坏

燃烧室火焰中心偏斜或燃烧室温度过高,炉墙或炉拱上结焦;除焦时操作不当,炉墙砖砌筑质量差,灰缝不符合要求,未留足够的膨胀间隙或伸缩缝中掉入杂物;冷却升温过急造成急剧的膨胀和收缩等都会造成炉墙或炉拱的损坏。

发现损坏后,应分析损坏部位和程度,若损坏程度轻,可暂时维持锅炉运行则继续运行,等停炉后再检修,炉墙上出现的裂缝可用石棉绳塞实,外面再抹上一层耐火水泥砂浆或石灰水泥砂浆。若损坏危及锅炉运行安全和人身安全时,应立即停炉修理。

4.链条炉排被卡住

炉排片断裂或边条销子脱落卡住炉排;煤中金属杂物或炉灰、焦渣卡住炉排;炉排横梁弯曲;大轴轴承缺油,造成温度过高而抛轴;炉排两端调节不好,炉排跑偏;炉条链子太松与主轴牙齿啮合不好;老鹰铁烧坏或灰坑堵满等均会造成链条炉排卡住。

如遇炉排卡住,应立即停止电机转动,然后用扳手将炉排倒转。根据炉排倒转时用力的大小,可推断期故障轻重情况。如果是老鹰铁被灰渣挤住而竖起,可以从看火门处伸入火钩,将其拨正,如不可能则停下炉排进行处理。

5.热水锅炉水冷壁管及对流排管爆破故障

水冷壁管及对流排管爆破时,有明显的响声,爆破后有喷水声,有烟气和水从炉墙上各种门孔喷出。锅炉压力下降,排烟温度下降,系统循环水流量下降,补水后压力仍然下降。

产生上述现象的原因是由于给水水质不符合标准,使管壁结垢及设计不合理,流量分配不均导致管壁温度过热而爆破。此外,锅炉升火过猛、停炉太快,使管子受热膨胀不均,造成焊口破裂;材质、安装及检修不良,管内有遗留物或锅炉负荷过高、炉膛内燃烧不均匀使管外严重结焦等都会造成管壁过热而烧坏。

爆破后,裂口较小如能维持运行,应紧急通知有关部门后,再进行炉内抢修。如无法保持正常运行,必须按程序紧急停车。

6.热水锅炉的突然停电、停泵故障

当突然停电,循环水泵停止运行时,炉水水循环遭到破坏,炉膛内蓄热量很大,而系统内压力突然降低,相应的饱和温度下降,炉水很快汽化,容易引起水击,使锅炉振动,甚至引起设备损坏。

为防止水在突然停电、停泵时发生汽化,一般应往锅炉内通入自来水,而从锅炉上部集气罐放热水或蒸汽,使炉水循环,温度下降,避免了炉水的汽化,因而防止了水击。

(二)蒸汽锅炉运行中常见故障及其处理

1.蒸汽锅炉的缺水事故

锅炉严重缺水是蒸汽锅炉运行中的重大事故之一,如果严重缺水时进水,会造成锅炉爆炸。

锅炉缺水造成事故时会出现如下现象:

(1)水位低于最低安全水位线或看不见水位,水位表玻璃管上呈白色;

(2)高低水位报警器发出低水位警报信号;

(3)给水流量小于蒸汽流量;

(4)水位不波动,造成假水位。

造成缺水事故的原因有运行人员对水位监视不严,判断与操作错误,水位表的汽、水连管堵塞,水位报警失灵,运行人员未能及时发现假水位;给水机械故障、止回阀泄漏,给水自动调节失灵及排污阀或某一部位漏水等。

发生缺水事故时,如水位表中水位低于最低安全水位线,又可见到水位时,应冲洗水位表,检查是否假水位,确定水位的高低或手动调节加大给水量。经过上述处理后,如水位仍继续下降,则应立即停炉,关闭主汽阀,继续向锅炉给水。如缺水严重,则不应向锅炉给水,应按紧急停炉处理,并将情况迅速报告有关领导。

2. 蒸汽锅炉满水事故

满水事故常常是由于司炉人员疏忽大意，对水位监察不严或因自动给水调节设备失灵造成。发生满水事故时，水位高于最高水位线，水位报警器发生高水位报警信号，给水量大于蒸汽量，严重时蒸汽管道内发生水击。

发生满水事故时，首先应对各水位表进行校对，确定是严重满水，还是不严重满水，"叫水"时要小心，切勿将缺水事故当满水事故处理。

如不严重满水，应开启蒸汽母管上的疏水阀门，然后开启锅炉下部放水阀放水，水位恢复正常后，再开动给水阀门，恢复正常运行。如严重满水，应按紧急停炉程序停炉，关闭给水阀门，停止进水，加强放水注意水位表内水位的出现，降负荷迅速疏水，待水位正常后，关闭放水阀门及各疏水阀门，恢复正常运行。

如给水设备及给水自动调节设备损坏，应停炉检修。

3. 汽水共腾

汽水共腾的主要原因是炉水含盐浓度大大超过规定，炉水含盐浓度大、负荷高时，蒸发面沸腾的更厉害。

汽水共腾时，锅筒上的水位表内水位剧烈上下波动，严重时在管道内发生水击，使法兰损坏并在连接处有蒸汽外冒，炉水含盐量剧增。

发生汽水共腾时，首先要降低负荷，将全部连续排污阀打开，然后打开蒸汽管道上的疏水阀门，停止向炉内加药，并取样进行化验，加强排污、改善炉水品质，降低炉水含盐量。待炉水品质合格，汽水共腾消失后，方可恢复正常运行。

4. 炉管爆破事故

炉管爆裂不严重时，从破裂处发出蒸汽喷出的声音，严重时，有爆破声，炉膛成正压，蒸汽和炉烟从炉墙上的门孔大量喷出，水位、汽压和烟气温度迅速下降，炉内火焰发暗，给水流量增加，蒸汽流量显著下降。

炉管轻微破裂，并能维持正常水位，应通知有关部门，然后再停炉。如果破裂严重，必须按程序紧急停炉。

5. 省煤器管损坏事故

省煤器管损坏后会出现水位下降，给水流量大于蒸汽流量，烟气出口温度下降，有泄漏响声以及省煤器下落灰斗中的灰渣湿润，严重时落灰斗内有水柱下流的现象。

省煤器损坏后，应开启省煤器旁路烟道挡板，关闭省煤器出、入烟气挡板，打开省煤器给水旁路阀门，如烟气挡板关不严，应停炉检修。

6. 锅炉及管道的水冲击

水击发生在锅炉、省煤器和蒸汽管道及给水管道内，严重时将影响锅炉的正常运行，甚至损坏设备。

发生水击时，会出现锅筒或管道内有撞击音和振动的现象以及压力表指针大幅度急剧摆动现象。

给水管内水击是由于给水管内有空气或蒸汽，给水泵泵体密封不好造成泄漏或给水止回阀失灵以及给水温度过高汽化造成。发生水击时应启用备用泵，并检查给水泵和止回阀，使其正常工作，同时降低给水温度。

蒸汽管道内水击是由于送汽前没有很好地暖管和疏水，送汽时主汽阀或送汽阀门开启过快及负荷产加过急或锅炉满水和汽水共腾使蒸汽带水进入管道造成。发生水击时，应开启疏水阀进行疏水，并检查锅筒内的水位，如过高时应适当降低，同时应改善给水品质，加强排污，避免发生汽水共腾。

省煤器内水击可能是由于生火时未排尽省煤器内空气或省煤器出水温度过高，局部产生蒸汽或省煤器入口给水管道上的止回阀动作不正常，引起给水惯性冲击等造成。发生水击时，应关闭主烟道，开启旁路烟道，开启空气阀，排净空气，要严格控制省煤器出口水温，提高给水流速，检查止回阀使其工作正常。

（三）外网及用户系统运行中的故障及其处理

1. 供热系统不热现象的原因分析

（1）热水供热系统设计错误会引起不热

有些供热系统不热是由于设计错误造成的，如设计时房间耗热量计算不准，系统布置不合理，环路间压力不平衡等都无疑会引起供暖系统的不热。

（2）热水供热系统安装缺陷会引起不热

供热系统安装过程中会出现下列一些错误引起供热系统不热。

1）阀门安装错误，截止阀方向装反、用截止阀代替闸板阀。

2）管道螺纹连接不正确，丝扣套得太软，拧进三通或四通口内的丝扣太长。

3）管道切断时用砂轮机切断，管口处有铁膜，安装时未清除铁膜或管道煨弯时将管子弄扁，使流通截面减少，甚至使管道堵塞。

4）管道焊接不正确，接口处不光滑；在主管上开孔焊支管时，开孔尺寸不够；在主管上开孔焊支管时，开孔太大，将支管伸进去；干管变径时，按管中心平焊接；主管上挖眼焊三通时，三通方向不对，不是顺水三通。

5）管道接反，供水立管接到回水干管上，回水立管接到供水干管上。

6）干管安装时有局部凸起的现象。

7）安装管道时不清除管中的污物、焊渣等。

8）管道未按要求绝热。

（3）热水供热系统运行管理不当会引起不热

在供热系统设计正确、安装无误的条件下，如运行管理不当也会引起供热系统的不热。运行管理中往往存在如下一些问题：

1）系统充水不够，使上分式系统的部分立管或全部立管不热，使下分式双管系统的顶层散热器不热。

2）供热系统用户入口供回水干管间的旁通管上的阀门未关闭。

3）系统检修完后，某些阀门可能未打开。

4）供暖系统的初调节不够，没有反复进行调节，或者初调节被人为破坏。

（4）热水供热系统空气滞留会引起不热

供热系统中滞留空气是引起系统不热最常见的原因之一，引起系统空气滞留有设计上的原因，也有安装上的错误，还有运行操作不当的原因。系统空气滞留易在以下部位出现。

1）弯头处会形成空气滞留，尤其是大于90°的弯头处。

2）干管坡度不均匀，一根干管上有几个上凸的点，则在上凸部位就会有空气滞留。

3）散热器支管弯曲时，在弯曲的向上凸的部位空气滞留。

4）锅炉房内部管道或设备处形成空气滞留也会使供热系统不热。

（5）热水供热系统堵塞会引起不热

在供热系统中，异物堵塞也是引起系统不热的常见原因之一。下列部位易形成堵塞：各种形式和用途的阀门处、直径较小的三通或四通处、管径由大变小处、活接头或其他管接头处、急弯的弯头或煨扁的煨弯处、管道的除污器内以及散热器内。

（6）外管网缺陷会引起系统不热

引起系统不热的外网缺陷有：

1）管道安装时绝热层太薄或绝热材料质量及安装质量差。

2）地沟上覆土层太薄，地沟内温度低或沟内有积水，管道有部分浸泡在水内，绝热层受潮或年久失修。

3）随意在外网上连接新用户。

4）外网管道坡度不对，使其中存有空气。

5）外网管道中有局部堵塞。

（7）锅炉房缺陷会引起供热系统不热

热水锅炉房是热水供热系统的热源，也是热水供热系统的"心脏"所在处，锅炉房有缺陷会直接影响整个或局部供热的效果。锅炉房缺陷主要有以下几个方面：

1）锅炉本身的产热能力够，但实际上由于种种原因烧不起来。

2）锅炉负荷太大，小马拉大车，拉不动。

3）锅炉间歇运行时，间歇时间长、运行时间短。

4）循环水泵的送水能力小，功率不够。

对于蒸汽供热系统一般能较正常运行，若发生不热，有可能发生水堵、气堵、疏水器故障、系统初调节遭破坏、送汽压力不稳定或蒸汽压力不足等情形。

（8）用户管网形式、建成年代不同造成新老用户间水力失调而出现的热力不均现象。

2．外管网运行中的故障及其处理

（1）管道破裂

管道破裂是由于安装了不合格的管子、管子焊接质量不高造成。

管道破裂的处理方法：一是放水补焊或更换管道；二是在不能停止运行时，用打卡子的办法处理。

（2）管道堵塞

外网干管堵塞时，会造成全管网或几栋楼房暖气不热。干管堵塞时水泵进出口压差会出现太大或负压现象，此时，恒压点被破坏，开停泵后膨胀水箱水位有明显变化。常用的排除方法是冲洗法。

（3）支架破坏

支架破坏是由于伸缩器的伸缩量不够，固定支架位置不对、未考虑管道伸缩及支架用材料强度不够造成。

支架破坏后，应将管子用吊链吊起来，对支架做加强处理，或更换补偿能力满足要求的胀力。

（4）阀门、法兰处漏水

阀门漏水主要是从压盖和阀杆间漏水，其主要原因是压盖填料密封破坏或压盖压得不紧。处理办法是重新压石棉绳填料或拧紧压盖。

法兰处漏水主要是螺栓松紧不一或垫片有起皱、裂缝缺陷。处理办法是更换法兰垫片，力量均匀地对角紧固螺栓。

3．用户系统运行中的故障处理

（1）管道漏水

丝接管道漏水主要由螺纹连接处未充分拧紧；丝扣套得太软；安装时操作不当，拧管件时用力过猛或缠麻方法不对；管道腐蚀裂缝、开孔或管件有裂缝等原因引起。

焊接管道漏水是由于管道质量不好或腐蚀使管道破坏，也有因焊口质量不好使焊口渗水造成。

对于管道漏水的处理应据具体情况采用卸下重拧；更换管道或管件；对裂缝、开孔进行补焊等方法进行处理。

（2）散热器漏水

散热器漏水主要是组对后，未按规定逐组进行水压试验，使散热器本身有砂眼、裂纹及组对时对丝未拧紧或胶垫损坏等缺陷未能及时返修所致。

散热器对丝处漏水，可先用再紧一下对丝的办法试处理，如对丝脱扣或胶垫损坏时应更换对丝或胶垫。散热器有砂眼、裂纹时，一般需更换处理。

（3）管道异物堵塞

管道堵塞是供热系统中常见的故障之一，堵塞后造成供热系统不热。堵塞故障的处理关键在于如何判断管道堵塞及其位置。下面分不同情况说明如何通过检查发现在不同部位发生的异物堵塞。

a．房屋中部分环路发生堵塞。如不热的环路通过用阀门尽力调节还是不热，甚至很热的环路也凉下来，该环路必堵无疑。此外，有些环路不热且热媒出现倒流，也是该环路供水管堵塞的特征。

b．房屋入口处干管堵塞。入口干管堵塞情况与室内部分环路发生堵塞相似，常常也是一部分环路热、一部分环路不热。不同的是经阀门调节，可先使原先不热的环路热起来，很热的变凉或全部变成温度不足。另外，如入口处供回水压差很大，而室内暖气不正常，则入口干管必堵无疑。

判断出堵塞位置后，进行排除。排除堵塞时可先用冲洗法，即关闭未堵塞的环路，打开堵塞环路的回水管末端，排水冲洗。排水清洗无法排除时，只好打开清除。

（4）管道或散热器内有空气滞留

管道或散热器内集存空气的原因有多种，排除空气时应根据具体情况采用相应的措施，如弥补或改正设计、施工中的缺陷和错误，加强运行操作管理，系统充足水，勤放气。

三、供热系统的检修

供热系统经过一段时间的运行之后，系统中的设备、管路、阀门以及热工控制计量仪表等会出现腐蚀、磨损、开裂或其他形式的损坏，若不及时进行检修或更换，就会妨碍系统的正常运行。

供热系统的检修一般分为运行中的检修、小修和大修三种。

运行中的检修是在系统运行期间，对某些设备发生的缺陷及时进行检修，主要是阀门、管道，辅机附件的故障排除和消除跑、冒、滴、漏问题。

小修一般一年进行一次，结合每年非供暖期的停炉，按照预定计划对系统进行局部性、预防性的检修，消除运行中出现的缺陷。

大修按照预定计划和修理方案，对系统进行全面的、恢复性的检修和改造。大修间隔时间要结合本单位的具体情况而定，一般运行时间 1 年半～2 年大修一次，特殊情况可提前检修。

（一）供暖锅炉的检修

供暖锅炉的检修包括锅炉受热面的检修、燃烧设备的检修和炉墙、炉拱的检修。

1．锅炉受热面的检修

锅炉受热面在运行中受到锅内、外温度和锅内压力的不断作用，同时又经常受到汽、水、烟、灰侵蚀，锅炉停运后，空气和水又与它接触，因此不可避免地会出现损坏。受热面常见的损坏形式有腐蚀、磨损、变形、裂纹和漏泄。

（1）腐蚀损坏的修理

锅炉受热面的腐蚀主要是由锅炉给水中含有氧、二氧化碳，锅炉保养不佳，连接部件如阀门、法兰等长期漏泄以及受热面处于潮湿状态引起。

受热面受到轻微腐蚀，可以刷防锈漆处理。受热面腐蚀比较严重时应用堆焊法修补。堆焊修补适用于金属壁受到严重腐蚀后，但钢板仍有 4～5mm 厚度，腐蚀面积又不大于 2500mm^2 或者局部腐蚀的腐蚀坑长度不超过 40mm，两腐蚀面之间的距离又大于长度的 3 倍的情况。对于腐蚀特别严重，腐蚀面积大于 2500mm^2，腐蚀后钢板保留厚度不到 4～5mm，或钢板变质，则应采用挖补的方法修理。

（2）磨损的修理

受热面磨损是由于冲刷或机械摩擦引起，受热面磨损后，钢板厚度减薄，强度减弱，严重时会使钢板穿透。

受热面局部磨损可采用堆焊修补，大面积磨损时应更换部件。

（3）变形的修理

变形是由于受热面内表面有水垢、炉内水循环不良而引起金属壁过导致；金属壁过薄，承压能力降低；再有当金属壁受外部机械力作用或加热不均或自由热伸长受到阻碍等也会引起变形。

锅筒或锅壳由于过热而产生凸起或凹陷变形后，应先用乙炔焰加热变形部件，从变形部位边缘向内，边加热边用千斤顶加压，直到恢复原状。如变形严重，需采用挖补修理，以恢复原来强度。

锅筒发生弯曲变形很难修理时必须另换新的。联箱弯曲变形后应当将其拆下，放到地炉上加热，再用千斤顶或依靠其他外力校直。

受热面管子由于磨损、腐蚀、过热变形，出现"鼓包"时，应根据具体情况进行局部修理或更换新管。

（4）裂纹、起槽和槽裂的修理

锅筒或锅壳、封头、联箱上的裂纹、起槽和槽裂由金属疲劳或锅炉结构弹性不足引起，一般可采用焊补法修理。

受热面管子上出现裂纹或管子破裂时，应更换新管。管子对接焊缝上出现裂纹时，应铲去全部焊缝重焊，或者用堆焊修理。

（5）渗漏的修理

当火管或水管胀接部位的渗漏是由于安装锅炉时胀管不足产生的，则可采用补胀修理。如果管端已经补胀两次以上，不能再用补胀法修理，管端必须更换。

锅筒或锅壳上的焊缝渗漏可以补焊修理。人孔、手孔、排污接口和各种法兰接座的渗漏应采用更换垫片，拧紧螺母的方法消除。

2．锅炉炉墙的检修

炉墙经过一段较长时间的运行后，可能出现表 2-1 所示的几种主要形式的损坏。

炉墙常见的损坏形式及其原因　　　　　　　　　　表 2-1

损　坏　形　式	损　坏　原　因
1．锅炉倾斜，钢架变形走动	1．钢架立柱过热后弯曲 2．立柱底脚走动下沉 3．立柱在炉墙砌体内严重腐蚀 4．钢架金属材质差 5．钢架横梁弯曲或开裂 6．锅筒支座或吊杆严重腐蚀后破坏或断裂
2．燃烧室内砖拱塌落，燃烧室四周耐火砖墙损坏	1．炉墙原施工质量不良，砌砖不合要求 2．炉墙原施工中采用了质量和形状不合规定的耐火砖或配合比例不正确的灰浆 3．煤在燃烧室内燃烧结焦侵蚀 4．除焦操作不慎，工具损坏炉墙上的耐火砖
3．炉墙开裂或产生裂纹	1．钢架立柱底脚走动，炉墙砌体下沉不均匀 2．炉墙骤热骤冷 3．新砌炉墙烘炉时间太短，砌体未干透就交付使用 4．炉墙的膨胀间隙过小

炉墙倾斜时必须仔细校正，根据不同的损坏原因采用加固或更换。钢架某些部件的办法修理复原。如果炉墙倾斜比较严重，继续发展可能倒塌，则应拆掉重砌。

燃烧室内的砖拱塌落或四周的耐火砖墙损坏也应当修补或重砌。

修补或重砌炉墙或砖拱应当选用平直、光滑、无翘曲和肉眼可见裂缝耐火砖，而且耐火砖应完整，不能缺少棱角，耐火砖断口处应无气孔、空穴和其他杂物。

如果耐火砖上裂缝较宽时，应更换耐火砖。若裂缝不宽时，可用浸过耐火灰浆的石棉绳嵌入裂缝中，以防漏风。

3．燃烧设备的检修

（1）链条炉排的检修

链条炉排经过长期行动后，最常见的损坏是磨损、断裂、变形和烧坏等。

检修炉排前，先进行测量和检查。然后开始检修，卸下炉排片，分段卸下炉排链条，链条长度不一致，炉排运行中就会被前后链轮顶起，发现跑偏和连接部位磨损现象。卸下链条后应拉紧，测量其长度，各链条之间的长度相差不到 20mm 或新换原链条相差不到 10mm 时为合格，反之属不合格链条，应更换。

链条卸下后还要测量它的小环、大环、节距套管和铸铁滚筒。链条每节节距相差要小于 1mm，新链条要小于 0.5mm。链条要平直，厚度差符合规定。磨损严重的节距套管和铸铁滚筒应更换新的。

链条各零部件经检查修理合格后可以组装，组装好的链条没有缺陷可以装上夹板和炉排片。炉排夹板和炉排片不能有残缺或裂纹，炉排片尾部和背部的烧坏程度一般不应超过5mm。炉排检修后应找正，以免炉排运行时出现自然跑偏现象。

炉排装好后应试转几圈，检查是否有跑偏，卡住或其他部件摩擦等现象，试车良好可装上老鹰铁。老鹰铁头部烧伤或磨损过多时应另换新的。

（2）炉床框架的检修

炉床框架的检修，应仔细检查炉床铁梁或中间密封铁，两侧炉墙的基础铁架、托滚轮的铁梁等处磨损与弯曲情况，风门是否灵活，风室是否严密，铁导轨是否光滑平直，铁导轨压板有无高出铁轨表面等。

床架水平面误差不应超过3mm，架子的弯曲一般不应小于5mm，密封铁厚度至少3mm，并且不能有深度超过它横断面1/3的裂纹。安装密封铁要保持相互间留有4～6mm的间距供热膨胀用。铁导轨的磨损不应超过6mm，相互间应平行，前后水平差每米不应超过0.5mm，否则应调整。铁导轨表面的凹痕深度不应超过3mm，而且每根导轨上不能多于3处，否则应更换。

风门的开关要灵活，风室分门的铁板轻微变形可加热烧红后调平，变形严重应拆下打平后再装上，风室风门全关时要严密，缝隙最大不能超过3mm，风门的轴不能变形，否则应矫直。

（3）前后大轴和链轮及下部滚轮的检修

前后大轴一般先折卸前轴，用千分表测量轴的弯曲度，弯曲度每米允许差0.5mm。检查大轴中心线，看大轴中心是否与基准线平行，如不平行，要进行调整。松开靠背轮把钢尺放在靠背轮上并转动另一个靠背轮，检查它们是否同心。

链轮用样板测量，以便检查它的磨损程度，链轮的磨损超过3mm应倒过来使用。大轴和链轮连接用的键槽不能有裂纹，否则应更换。

大轴轴瓦的磨损超过2.5mm要考虑加生铁套，套同轴保持约0.7～0.8mm的间隙。

炉排用齿轮箱减速时，大轴上的靠背轮同齿轮箱上的靠背轮对接要留出4～5mm的间隙，两个靠背轮的高低差应小于0.2mm。

检修中要注意检查炉排下部托滚轮的磨损情况，托滚轮外圈的磨损不应大于5mm，托滚轮同轴的磨损应小于6mm。

检修后的炉排要进行空载试车并检查它的运转状况是否正常，各零部件有无暴露新的毛病，然后再在热状态下试车，进一步检查炉排的运转状况并进行必要的调整。

（二）辅助设备的检修

1. 离心水泵的检修

离心泵经过检查认定需完全拆卸修理时，要对以下部件进行检修。

（1）叶轮和大口环的检修

叶轮和大口环易出现的缺陷是磨损。叶轮入口外径和大口环内径之间的磨损，不应超过表2-2的规定，否则要更换大口环，叶轮入口处的沟痕严重，可用车床车光，但厚度要保证，否则更换叶轮，沟痕不严重可用砂纸打磨。口环破碎、叶轮磨透或叶轮因腐蚀损坏，需更换叶轮。

叶轮入口外径和大口环内径之间的间隙标准　　　　表 2-2

大口环内径（mm）	80～120	120～180	180～260	260～360
间隙（mm）	0.19～0.24	0.24～0.30	0.28～0.35	0.7
磨损极限（mm）	0.48	0.6	0.34～0.44	0.30

（2）水泵轴的检修

叶轮与平衡盘接触不严，水通过轴表面冲刷后会留下小沟或者是平衡盘中叶轮接触面之间的压差大，且水中含有过多的泥沙时，更易造成轴表面损坏。若上述情况不严重，轴可继续使用，情况严重时，必须另换新轴。

轴同轴承接触的轴颈部分有时会由于润滑油中含有尘砂而被磨出沟痕。沟痕严重时用磨床磨平，细微的伤痕可用砂布、油石研磨。

由于使用不当或拆装不小心会造成轴弯曲，轴的弯曲量不应大于 0.1mm，较细轴的弯曲可用手摇压力机来校正，轴较粗时，可用捻棒敲打，然后在车床上车。

（3）轴承的检修

水泵采用滑动轴承时，轴承架损伤但不严重时可补焊，严重时要更换；轴承盖、端或上盖破损以及轴瓦破裂，均要更换；油圈松脱或损坏，要调整或更换；轴瓦的合金磨损或烧坏要重新挂瓦，即重新浇注巴氏合金。

水泵采用滚动轴承时，轴承损坏除球架可以装配外，其它均要更换。

（4）填料盒的检修

当填料盒内填料失效或轴套与填料摩擦引起填料严重磨损时，应更换填料。压盖松紧要适度，水泵运行中能渗出水滴即可。水封环同轴套之间的径向间隙应保持在 0.3～0.5mm 之内，间隙过大可能挤出填料，过小可能相互摩擦甚至"咬死"。

（5）泵体和泵座的检修

泵体和泵座由于卸运碰撞、安装不当、冷裂及超压等原因会产生裂纹。当裂纹位于泵体不受压部位时，可采用焊补修理，当裂纹位于泵体受压部位时，要更换新的。

（6）联轴器的检修

水泵运行时，当联轴器的孔磨损时，应把孔扩大一些，联轴器还可继续使用，但必须更换相应的橡胶圈。要保证连接联轴器和轴的键的两侧接触严密，不能因人为摆动而塞入铁片，键的上部允许有一定的间隙。联轴器的轴孔同轴应配合紧密，才能可靠地传递扭转力矩。

2．风机的检修

（1）叶轮的检修

叶轮是转子上最容易磨损的部件，叶轮的叶片磨损严重时要更换叶片，装配好的叶片应经过静平衡和动平衡校正。

（2）主轴的检修

风机运行中主轴表面由于受撞击或管理维护不善会产生伤痕，若伤痕不严重，可用刀锉去表面伤痕，再用浸过油的砂布打磨光，伤痕重时，应更换主轴。

轴颈表面由于润滑不良，轴承安装歪斜、螺栓松弛以及轴弯曲或转子动不平衡过大而产生磨损。当磨损小于 1mm 时，可进行车削或磨削，当磨损大于 1mm 时，应进行补焊，然后切削修复。

轴弯曲轻微时可校正，弯曲度超过 0.5~1mm 时，应更换新轴。

（3）联轴器的检修

联轴器检修主要是更换橡皮弹簧圈，更换时应全部更换，否则容易受力不均，转子平衡度遭破坏。

（4）转子的装配

叶轮、主轴、联轴器检修完毕后开始装配转子，主轴上安装的任意两个零件的接触面之间都要留有规定的膨胀间隙。装配好的转子要做动平衡校正。

此外，风机机壳内，外表面应刷漆保护，轴承损坏应更换。

3．附件的检修

（1）阀类的检修

各种常见阀类的故障及处理方法见表 2-3、2-4、2-5 及表 2-6。

（2）安全附件的检修

安全附件的故障及处理方法分别见表 2-7～表 2-9。

阀门常见故障及排除方法   表 2-3

故　障	原　　因	排　除　方　法
渗漏	1. 阀门关不严，芯与座之间有杂物 2. 填料压盖未压紧或填料变质 3. 阀体与阀盖之间的垫圈过薄压不紧，垫圈损坏 4. 螺丝有断扣，螺丝松紧不一 5. 阀芯或阀盖结合面有损失	1. 清除杂物 2. 压紧填料或更换 3. 更换垫圈 4. 更换阀盖 5. 轻微时研磨，严重时更换
阀杆板不动	1. 填料压得过多或过紧 2. 阀杆或阀盖上螺纹损坏 3. 阀杆弯曲变形卡住 4. 阀杆上手轮丝扣损伤 5. 闸板卡死	1. 松放阀盖 2. 更换阀门 3. 调查或更换 4. 检修套扣 5. 敲打后除锈
阀体破裂	1. 安装时用力不当 2. 冻坏碰坏	及时更换

给水止回阀常见故障及排除方法   表 2-4

故　障	原　　因	排　除　方　法
倒汽倒水	1. 阀芯与阀座接触面有伤痕或磨损 2. 阀芯与阀座接触面有污垢	1. 检修或研磨接触面 2. 清除污垢
阀芯不能开启	1. 阀座阀芯接触面粘住 2. 阀芯转轴被锈住	1. 清除水垢，防止粘住 2. 打磨铁锈，使之活动

排污阀的常见故障及排除方法   表 2-5

故　障	原　　因	排　除　方　法
盘根处渗漏	1. 盘根压盖歪斜和未压紧 2. 盘根过硬失效	1. 压紧盘根压盖 2. 更换盘根
阀芯与阀座接触面渗漏	1. 接触面夹有污垢 2. 接触面磨损	1. 清除污垢 2. 研磨接触面
手轮转动不灵活	1. 盘根压得过多、过紧，阀杆表面生锈 2. 阀杆上端的方头磨损	1. 适当减少放松盘根，消除铁锈 2. 重新焊补方头

故　障	原　　因	排　除　方　法
阀体与阀盖法兰间渗漏	1.法兰螺丝松紧不一 2.法兰间垫片损坏 3.法兰间夹有污垢	1.均匀紧固法兰螺丝 2.更换法兰垫片 3.消除污垢
闸门不能开启	1.闸门片腐蚀损坏 2.阀杆螺母丝扣损坏	1.检修，更换闸门片 2.更换阀杆螺母

减压阀的常见故障及排除方法　　　　　　　　　　表 2-6

故　障	原　　因	排　除　方　法
减压失灵或灵敏度差	1.阀座接触面有污物 2.阀座接触面磨损 3.弹簧失效或折损 4.通道堵塞 5.薄膜片疲劳或损坏 6.活塞、汽缸、磨损或腐蚀 7.活塞环与槽卡住 8.阀体内充满冷凝水	1.清除污物 2.研磨接触面 3.更换弹簧 4.清除污物 5.更换薄膜片 6.检修汽缸 7.更换活塞环，清理环槽 8.松开螺丝堵，放出冷凝水
阀体与阀盖接触面渗漏	1.连接螺丝紧固不均匀 2.接触面有污物或磨损 3.垫片损坏	1.均匀紧固连接螺丝 2.清除污物 3.修整接触面更换垫片

压力表的常见故障及排除方法　　　　　　　　　　表 2-7

故　障	原　　因	排　除　方　法
指针不动	1.旋塞没打开或位置不正确 2.汽连管或存水弯管或弹簧弯管内可能被污物堵塞 3.指针与中心轴的结合部位可能松动，指针和指针轴松动 4.扇形齿轮与小齿轮脱节 5.指针变形与刻度盘表面接触妨碍指针移动	1.开启旋塞 2.拆卸、清除污物 3.检修校验压力表更换 4.修表、重新装好 5.修表紧固连杆销子
压力表指针不回零位	1.弹簧弯管失去弹性，形成永久变形 2.弯管积垢，游丝弹簧损坏 3.汽连管控制阀有泄漏 4.弹簧弯管的扩展位移，与齿轮牵动距离的长度没有调整好 5.指针本身不平衡或变形弯曲	1.修表，更换弹簧弯管 2.清洗弯管游丝 3.修理三通旋塞 4.修表后进行校正 5.修指针
指针抖动	1.游丝损坏，游丝弹簧损坏 2.弹簧弯管自由端与连杆结合的螺丝不活动，以致弯曲管扩展移动时，使扇形齿轮有抖动现象 3.连杆与扇形轮结合螺丝不活动 4.中心轴两端弯曲，转动时，轴两端作不同心转动 5.连汽管的控制阀开得太快 6.可能受周围高频振动的影响	1.更换游丝及弹簧 2.更换清洗螺丝 3.清洗更换螺丝 4.调整轴 5.修理三通旋塞 6.排除外界干扰
表面模糊内有水珠	1.壳体与玻璃板结合面，没有橡皮垫圈，橡皮垫圈熔化，使密封不好 2.弹簧弯管与表座连接的焊接质量不良，有渗漏现象 3.弹簧管有裂纹	1.更换橡皮垫圈 2.重新焊接 3.更换弹簧管

故 障	原 因	排 除 方 法
旋塞（考克）漏水	1. 旋塞密封面不严密 2. 旋塞芯子磨损 3. 填料不严密或变硬	1. 研磨 2. 研磨或更换芯子 3. 增加填料或更换填料
假水位	1. 旋塞关闭 2. 旋塞被填料堵塞 3. 连通管积有污物 4. 旋塞有泄漏	1. 打开旋塞 2. 打开旋塞清理堵塞的填料 3. 清除污物研磨考克 4. 研磨
水位呆滞	1. 旋塞或连通管被水垢或污物填塞 2. 旋塞未打开	1. 清除污垢 2. 打开旋塞
玻璃管爆裂	1. 填料不匀，没留间隙 2. 质量不好，没预热 3. 上、下接头不对正 4. 管端有裂纹 5. 冲洗时，开关过猛	1. 安装时，填均填料，留间隙 2. 安装时要先预热 3. 更换时，上下接头要找正 4. 更换 5. 操作按规程缓慢操作

故 障	原 因	排 除 方 法
漏汽、漏水	1. 阀芯与阀座接触面不严密、损坏，或有污物 2. 阀杆与外壳之间的衬套磨损，弹簧与阀杆间隙过大或阀杆弯曲 3. 安装时，阀杆倾斜，中心线不正 4. 弹簧永久变形，失去弹性，弹簧与托盘接触不平 5. 杠杆与支点发生偏斜 6. 阀芯和阀座接触面压力不均匀 7. 弹簧压力不均，使阀盘与阀座接触不正	1. 研磨接触面，清除杂物 2. 更换衬套，调整弹簧阀杆的间隙，调整阀杆 3. 校正中心线使其垂直于阀座平面 4. 更换变形失效的弹簧 5. 检修调整杠杆 6. 检修或进行调整 7. 调整弹簧压力
到规定压力不排气	1. 阀芯和阀座粘住 2. 杠杆式安全阀阀杆杠被卡住，或销子生锈 3. 杠杆式安全阀的重锤向外移动或附加了重物 4. 弹簧式安全阀弹簧压得过紧 5. 阀杆与外壳衬套之间的间隙过小，受热膨胀后阀杆卡住	1. 手动提升排汽试验 2. 检修杠杆与销子 3. 调整重锤位置，去掉附加物 4. 放松弹簧 5. 检修，使间隙适量
不到规定的压力排气	1. 调整开启压力不准确 2. 弹簧式安全阀的弹簧歪曲，失去应有弹力或出现永久弯形 3. 杠杆式安全阀重锤未固定好向前移动	1. 校对安全阀 2. 检查或调整弹簧 3. 调整重锤
排气后，阀芯不回位	1. 弹簧式安全阀弹簧歪曲 2. 杠杆式安全阀杠杆偏斜卡住 3. 阀芯不正或阀杆不正	1. 检修调整弹簧 2. 检修调整杠杆 3. 调整阀芯和阀杆

（三）室内外供热管道和散热器的检修

1. 管道的检修

(1) 管道裂缝和腐蚀的修理

当管道产生裂缝时，管子沿焊口裂缝若不长，可用焊接，若长可更换焊接一段新管子，若此段管子不长且管子丝接时，可更换整段管子。

管道腐蚀比较严重应更换，如果腐蚀属局部，且面积很小时，可用补焊加厚管壁。

(2) 管道漏水漏气的修理

若管道因局部腐蚀而渗漏，可采用补焊的方法修理。

当管道泄水而不能停止运行时，可用打卡子的方法进行处理。

(3) 管道接口处漏水漏气的修理

丝扣渗漏一般发生在与支管或立管相接的管箍、三通、弯头等处，漏水的原因主要是安装时丝扣的质量或腐蚀，也可能是丝扣未拧紧，修理方法是拆开后根据不同情况处理，腐蚀严重的管子要更换。

活接头渗漏是由于密封垫糟了或是管道受到冲击密封垫受损。修理时可先紧一下套母，不行则需更换密封垫，此时须把装的旧垫用旧锯条或玻璃片清理干净。

(4) 法兰盘渗漏的修理

装法兰盘时，螺丝紧固得稍松，法兰垫容易被管道中的水或蒸汽侵蚀，一旦受到外力作用易造成渗漏，方法主要是更换法兰垫，紧固螺丝时要对角紧，紧完后由一个人再检查。

2. 散热器的检修

散热器的检修主要是消灭运行中已经发现但当时来不及根治的不严密部位。这些部位最常见的是散热器对丝、上下丝堵和补心处。

对丝连接不严应拆下散热器补充拧紧，若还不能彻底根治，应重新组对散热器。重新组对时，凡对口螺纹损坏的散热器片均不能再用，掉翼过多或有裂纹的散热器片应报废。重新组对后应做水压试验，合格后方可安装。

散热器上、下丝堵和补心不严应当拧掉重新缠麻丝，如果丝堵和补心的螺纹损坏也应更换。

第三节　供热系统的科学管理

供热系统管理的重要性是由供热系统本身特点决定的。首先，它直接为用户服务，关系到千家万户的切身利益；其次，它的主体锅炉是有爆炸危险的特殊设备，且它的运行是一个复杂多变的过程，因此，供热系统在日常运行中，必须加强管理，逐步使管理科学化、标准化、规范化，设立专门的运行管理机构，有条件时用电子计算机技术，实现系统的全面质量管理，以保证安全、经济地向热用户提供符合参数要求的热媒，保证供热质量，保证系统设备安全可靠地运行，使系统尽可能减少能源的无效损耗。

一、一般供热系统的管理考核内容与评估方法

为实现供热系统运行的科学化、系统化管理，应针对本地区具体情况，按照国家有关规定，逐步建立一套科学考核、评估供热系统的工作细则与方法。

一般供热系统管理考核内容与评估方法参见表 2-10。

序号	评估项目	等级分值	评估内容
一	管理措施	一等 15 分 二等 10 分 三等 8 分 四等 5 分	1. 管理责任制落实情况：主管领导职责履行情况；是否检查指导工作；专职或兼职管理人员履行职责情况 2. 技术安全、规章制度落实情况：规章制度健全，一般应有：(1) 岗位责任制；(2) 安全操作规程；(3) 交接班制度；(4) 水处理制度；(5) 维护检修、检验制度；(6) 巡回检查制度；(7) 运行记录制度；(8) 事故报告制度 3. 管理改革情况：是否进行成本核算，实行科学管理，实行经济承包，体现按劳分配 评定方法： 达到三条指标成绩显著评一等 达到三条指标工作一般评二等 管理落实，制度不健全评三等 管理不落实评四等
二	设备维修	一等 15 分 二等 10 分 三等 5 分 四等 0 分	1. 取得了《锅炉使用登记证》 2. 设备配套齐全 3. 有维修工巡视维护系统，定期检验，停炉保养 4. 设备附件安全，运行可靠，不带故障运行 5. 设备采取了防垢、防腐、保温措施 6. 机器运转部件定期加油润滑良好 7. 整个系统管道、阀门、附件无跑、冒、滴、漏现象 8. 系统供热稳定，散热器无不热现象 评定方法： 达到以上七项标准评一等 达到部分指标但保养不好评二等 达到指标情况较差评三等 没有取得使用登记证评四等
三	安全运行	一等 15 分 二等 10 分 三等 5 分 四等 0 分	1. 无违章运行事例，如烧硬水、缺水、超压运行，正压燃烧 2. 安全附件齐全，灵敏可靠并定期检验 3. 水处理水质指标符合国家规定标准 4. 司炉工必须持有司炉证，水处理工持有操作证 5. 操作人员无违纪现象，如迟到、早退、睡觉、缺勤、干与本职工作无关的事情 6. 年检必须合格 7. 无大小设备事故损失，无大小安全事故 评定方法： 达到上述七条评一等 基本上达到七条但仪表未定期校验评二等 未达到上述六条，也未发生事故评三等 发生事故，要根据事故具体情况而定
四	服务效益	一等 20 分 二等 15 分 三等 10 分 至 0 分	1. 圆满完成供暖任务，各项指标和消耗均完成或超额完成，如耗煤量、耗水量、耗电量、总耗费金额等 2. 按时供暖，室内温度达到 18℃ ±2℃ 3. 维修及时，随叫随到，用户满意、群众满意、领导满意 4. 与各取暖单位或部门关系良好 5. 无因责任故障和问题影响用户取暖，影响群众生产或生产正常进行 评定方法： 达到上述标准工作成绩突出评一等 工作一般评二等 领导群众意见较大评三等

序号	评估项目	等级分值	评 估 内 容
五	经济效益	一等 15 分 二等 10 分 三等 0 分	1.有经费核算账目统计表，有预算，有决算 2.锅炉年利用率≥50%（供暖期） 3.锅炉热效率达到规定标准： 锅炉容量 1t/h 以下锅炉热效率达到 60%以上（热水锅炉供热量在 697.8kW） 锅炉容量 1t/h～4t/h（热水锅炉供热量 1395.6kW～2791.2kW）锅炉热效率达到 70%以上 锅炉容量 4/h 以上（热水锅炉供热量 2791.2kW）锅炉热效率达到 75%以上 4.节能、节水 煤燃尽率要达到规定标准： 手烧炉应小于 10% 链条炉应小于 15% 往复推动炉排应小于 10% 煤粉炉应小于 5% 水的泄漏率，蒸汽管网不超过 2%，热水供暖水的补水率不超过 1% 节能有措施，并取得一项以上成绩 5.年终经费有节余（供热面积不扩大） 6.供热面积增加，收入增加 7.增收节支成绩 评定方法： 达到 1～7 项评一等 进行成本核算，但只达到其中部分项目评二等 无经费核算评三等
六	文明生产	一等 5 分 二等 4 分 三等 2 分	1.清洁卫生：操作间无杂物堆放，地面干净，室内无烟尘 2.煤、灰渣堆放场地整齐 3.操作室设备、工具按位放置 4.消烟除尘、噪声符合政府规定 5.礼貌待人，团结协作，爱护公物 评定方法： 达到上述指标评一等 达到其中大部分项目评二等 脏乱差评三等
七	班组建设	一等 5 分 二等 3 分	1.各类人员经过培训，持证者达 100% 2.业务技术学习有计划、有措施 3.班组人员思想稳定，内部团结 4.领导重视，机构健全，有得力的行政领导，有技术人员参加 评定方法： 达到 1～4 项一等 达到其中部分评二等

二、供热系统全面质量管理的内容

供热系统全面质量管理的内容包括以下几个方面：

1.供热质量、运行质量及工作质量的管理

供热质量主要是指满足用户需求所应达到供热参数、室内计算温度，保证室温的稳定性和均匀性，提高供热面积以及设备的完好利用率等各项指标。

运行质量主要包括锅炉的热效率、设备完好率与利用率、年运行费用即利润率、灰渣的含碳量、耗煤量、耗电量及耗水量等。运行质量就是运行能满足供热质量要求的程度，因此，运行质量决定供热质量。

工作质量指的是科学管理的水平。为了保证供热系统在供热期间能安全可靠地运行，必须搞好专职人员技术培训，不断提高管理人员和司炉工的素质，使管理人员熟练掌握运行管理基本技能，掌握监测计量装置和显示仪表的安装、调试、操作使用，维护、维修等技术。在系统运行过程中，会进行网路热力工况调整、会进行供热指标，供热参数和耗煤量及锅炉运行效率的计算，并根据室外气象条件下达各项运行指标，正确指导司炉工按需供热，计量烧煤，随时检查系统运行状态，处理运行中出现的各种问题，并及时排除设备故障，保证供热质量，确保系统正常运行。用工作质量保证运行质量，用运行质量保证供热质量。

2. 对供热系统全过程的管理

对供热系统全过程的管理应从其安装、检验开始，对安装的全过程进行严格的监察与检验，包括对图纸设计、材质的审核，直至烘炉、煮炉、试运行；管网和用户的试压、冲洗、启动前的准备、检查到点火、升温、供暖、停炉，其中包括供热系统的调节、维修保养、检查及故障处理等多项内容。

3. 对全体人员的管理

供热过程是锅炉房全体人员协调配合分工合作的综合结果。在加强对锅炉房科学管理的同时，要因地制宜，制定、健全各项规章制度，实行正规化操作和科学化管理，奖优罚劣，充分调动司炉工和管理人员的积极性，使每个岗位上的人员都对自己的工作质量负责，从而保证供热质量。

所以，全面质量管理实质上就是整体的管理，系统的管理，只有进行科学的管理，才能保证供热质量，保证系统设备安全可靠地运行，减少能源的无效损失。

三、运行核算方法、内容及相关工作

供暖锅炉房的运行经济核算是搞好锅炉房供暖工作和推行经济责任制的要求。通过实行运行经济核算可以及时反映供暖中的消耗和效果，及时掌握供暖过程中的问题和薄弱环节；通过运行经济核算，可以促进人人注意节约，努力挖掘降低能源消耗的潜力。

（一）做好供暖系统运行经济核算的条件和基础工作

1. 供暖系统运行经济核算应具备的条件

（1）组织定员合理，各项制度及岗位责任制比较健全

（2）供暖面积统计准确，有科学、合理的考核指标和技术经济定额以及煤、汽、水计量设备。

（3）建立健全统一标准的适合供暖核算的供暖质量、数量、出勤、消耗及安全文明生产等原始记录和台账；

（4）要设立经济核算员（统计员），负责平衡各班组各项指标并分解考核到个人。

（5）做好供暖系统运行经济核算的基础工作

（6）搞好技术经济定额工作

技术经济定额，是在一定的负荷（供暖面积）和技术条件下，在供暖过程中对人力、物力、财力的消耗和利用所应达到的数量、质量标准定额，它是锅炉房内部明确各方面、各个环节的经济责任的依据和尺度。所以搞好定额工作是实行供暖经济核算的一项不可少

的基础工作。从供暖核算角度来看大体上必须具备以下几类：

a. 供热负荷，包括总供热量（热负荷）和各热用户的热负荷；可根据给水流量和供、回水温度用公式求出。

b. 消耗定额，主要指煤、水、电及软化水需要的还原剂等各种消耗定额。还应有工具、设备维修的消耗，辅助材料消耗定额等。

2. 做好原始记录和台账工作

（1）原始记录

原始记录是供暖过程中的第一手资料，也是核算的依据。如给水量记录，供、回水温度记录，补水流量记录，耗煤量记录等。

（2）台账

台账是整理和积累统计资料的工具，一般是汇总统计资料。

（二）供暖系统运行经济核算的内容和方法

1. 供暖经济核算的内容

供暖经济核算的内容，应从实际情况出发，根据本单位的供暖特点和实际需要来决定核算的内容项目和指标。

（1）确定核算单位，供暖核算最好以班为核算单位，分班组进行考核。

（2）正确规定核定指标

供暖经济核算指标，一般包括供暖消耗和供暖质量两个方面。供暖质量在供暖面积一定的情况下一般指锅炉的热效率、室内温度等；供热消耗包括从基建投资中每年扣除的折旧费、小修费、安全技术措施费等；还有每年的燃料、热损失、输送热煤水、补给水软化以及供暖系统维护等方面的费用。

2. 供暖核算的主要指标及计算方法

（1）供暖核算的主要技术经济指标

供暖核算用的主要技术经济指标有：锅炉热效率、供热量与供暖面积、燃料的消耗量、耗电量、耗水量、折旧修理和维护费用，水的软化处理费用、供暖设备的利用率和故障率、运行费用。

（2）供暖经济核算指标的计算方法

1）锅炉热效率

锅炉热效率可通过锅炉热平衡实验和计算求得，方法详见《锅炉与锅炉房设备》教材。

2）燃料消耗与煤热比

燃料实际消耗的总额可从购买单上进行统计，每班的耗煤量要靠一定的计算设备和方法来计量和统计。燃料的理论消耗量在已知锅炉效率和燃料发热量的条件下用公式计算。

煤热比（H）一般可用每小时供给 $1m^2$ 供暖面积耗用多少 kg 的煤来核算，如下式：

$$H = \frac{B}{F} \quad kg/(m \cdot h)$$

式中　F——锅炉供暖面积，m^2；

　　　　B——每小时耗煤量，kg/h。

3）供热量

热水锅炉的供热量按下式计算：

$$Q = G(t_\mathrm{g} - t_\mathrm{h}) \cdot c \times 10^3 \times 0.278 \quad \mathrm{W}$$

式中　G——锅炉供水流量，t/h；

　　　c——水的比热，$c = 4.1868\mathrm{kJ}/(\mathrm{kg \cdot ℃})$；

　t_g、t_h——锅炉供水、回水温度，℃。

其中 G、t_g、t_h 均可从流量表、温度计上测出。

锅炉的供热量等于其所供每个建筑供热量之和再加上管网的热损失。

4）供暖期的运行费用

年运行费用包括设备的折旧维护修理费用、输送热煤的电能费用、锅炉及辅机运行的电能费用、水及软化水费用、燃料费用、人员工资。

实际的年运行费用是财务账目上的实报实销的金额，水、电、维修费按每月统计的金额统计；煤、软化水的费用按支票收据金额累计，所有支出费用之和为实际运行费用。

5）供暖的其他几项经济指标

设备利用指标供暖的实际时间与按计划应该供暖的时间之比。

安全指标通常从事故发生的次数和影响供暖的时间来反映。

安全指标等于计划供暖时间与实际供暖时间之差。

四、安全运行的规章制度

为保证供热系统安全运行，防止供热系统发生故障及事故，必须建立健全以岗位责任制为中心的各项规章制度。

（一）岗位责任制

应参照有关部门颁发的规定，结合本单位具体情况而定，一般应包括以下内容：

1．锅炉安全技术负责人职责；

2．司炉工职责；

3．水处理人员职责；

4．锅炉水暖维修工职责；

5．锅炉班长职责。

（二）交接班制度

交接班制度包括司炉工交接班制度和水处理人员交接班制度，可根据本单位具体情况，参照有关部门颁发的规定制定。

（三）巡回检查制度

1．班长、岗位专职人员按时在自己的责任范围内，沿巡回检查路线逐点逐项进行检查、新投产期间增加检查次数。

2．锅炉、软化水岗位一小时检查一次，班长两小时全面检查一次。

3．水泵、引风机、鼓风机一小时检查一次，外部管网等两小时检查一次；

4．巡回检查出现的问题应立即处理，处理不了应及时向上级汇报，并做好记录。

（四）运行记录制度

1．班长、岗位专职人员必须按时分别填写以下各种运行记录：

（1）锅炉运行日志；

（2）锅炉、供暖交接班记录；

（3）设备维护检修记录；

（4）离子交换运行记录；

（5）轮化工交接班记录；

（6）锅炉给水、炉水化验记录。

2．班长负责检查有关记录的情况，并按月上交有关记录，并立卷入档。

3．记录情况应保存五年以上。

（五）事故报告制度

（六）水质管理制度

（七）各岗位的运行规程

1．锅炉运行操作规程　应根据炉型特点和运行中的要求制定。

2．水处理设备运行操作规程　应根据设备的类型和工艺流程规定出操作规程，一般按再生方式规定出操作步骤和方法。

3．辅助设备的操作规程

（1）风机的操作规程

对运转前的检查内容、启动后的轴承表面温度的要求以及风机紧急停车作出具体的规定。

（2）水泵的操作规程

应对水泵启动前的检查与准备，水泵的启动及停用操作提出规定。

（八）设备维修保养制

1．锅炉设备的保养类别

锅炉设备的保养工作，一般可划分为三级，即例行保养、一级保养和二级保养。

例行保养即为日常保养，它的内容是进行清洁、润滑和紧固易松动的螺丝、检查零部件的完整，一般由操作工人承担。

一级保养以司炉工为主，维修工人指导配合，设备累计运行一定的时间要进行一次一级保养。

二级保养以检修工人为主，操作工人配合协助，设备累计运行一定时间（按设备间隔修理时间），进行一次二级保养。

2．供暖系统维修保养制的具体内容

（1）锅炉保养制；

（2）管网、热用户保养制：

（3）水泵的保养制；

（4）风机保养制；

（5）炉排传动系统保养制。

（九）安全操作规程

应按照有关部颁发的规定执行。

（十）供热系统定期检验和检修制度

1．定期检验的间隔时间可按具体情况而定，一般在停炉期间每年要做一次。

2．定期的检修按维护保养制执行，一般局部性的和预防性的小修项目，每年停炉后都要进行，全面性的恢复性的大检修，一般隔两年进行一次。

第三章　供热系统的计算机自动监控

为了进一步改善供热效果，提高供热能效，实现计算机自动监控无疑是必然的发展趋势。本章的主要目的是使对计算机不太熟悉的技术人员对计算机监控能有一个基本了解。

第一节　供热微机监控系统概述

在生产和科学技术的发展过程中，自动控制起着重要作用。自动控制的含义是十分广泛的：任何正在运行中的设备和正在进行中的过程，没有人的直接干预而能自动地达到人们所预期效果的一切技术手段都称为自动控制。在热工过程中，自动控制主要包含以下几个主要内容：

(1) 自动检测　自动检查和测量反映热工过程运行工况的各种参数，如温度，流量、压力等，以监视热工过程的进行情况和趋势。

(2) 顺序控制　根据预先拟定的程序和条件，自动地对设备进行一系列操作。

(3) 自动保护　在发生故障时，能自动报警，并自动采取保护措施，以防事故进一步扩大或保护设备使之不受严重破坏。

(4) 自动调节　有计划地调整热工参数，使热工过程在给定的工况下运行。

任何热工过程，为满足生产的需要，为保证生产的安全、经济，就要求热工过程在预期的工况下进行。但由于各种因素的干扰、影响，必须通过自动调节，克服运行工况的偏离。因此，自动调节是最经常起作用的一种自动控制职能，所以有的文献把自动调节称为自动控制。

一、供热系统自动监控的必要性

由于我国供热系统管理运行跟不上供热规模的发展，绝大多数系统仍处于手工操作阶段，从而影响了集中供热优越性的充分发挥。主要反映在：缺少全面的参数测量手段，无法对运行工况进行系统的分析判断；系统工况失调难以消除，造成用户冷热不均匀；供热参数未能在最佳工况下运行，供热量与需热量不匹配；故障发生时，不能及时诊断报警，影响可靠运行；数据不全，难以量化管理。

计算机自动监控，恰好弥补了上述不足。概括起来，可以实现如下五个方面的功能：

1. 及时检测参数，了解系统工况

通常的供热系统，由于不装或仅装少量遥测仪表，调度很难随时掌握系统的水压图和温度分布状况，结果对运行工况"情况不明，心中无数"，致使调节处于盲目状态。实现计算机自动检测，可通过遥测系统全面及时测量供热系统的温度、压力、流量等参数。由于供热系统安装了"眼睛"，运行人员即可"居调度室而知全局"。全面了解供热运行工况，是一切调节控制的基础。

2．均匀调节流量，消除冷热不均

对于一个比较复杂的供热系统，特别是多热源、多泵站的供热系统，投运的热源、泵站数量或投运的方式不同，对系统水力工况的影响也不同。因此，消除水力工况失调的工作，不是单靠系统投运前的一次性初调节就能一劳永逸的。这样，系统在运行过程中，经常的流量均匀调节是必不可少的。除自力式调节阀外，其他手动调节阀将无能为力。计算机监控系统，则可随时测量热力站或热用户入口处的回水温度或供回水平均温度，通过电动调节阀实现温度调节，达到流量的均匀分配，进而消除冷热不均现象。

3．合理匹配工况，保证按需供热

供热系统出现热力工况失调，除因水力工况失调外，还有一个重要因素，即系统的总供热量与当时系统的总热负荷不一致，从而造成全网的平均室温或者偏高或者偏低。当"供大于需"时，供热量浪费；当"需大于供"时，影响供热效果。在手工操作中，保证按需供热是相当困难的。

计算机监控系统可以通过软件开发，配置供热系统热特性识别和工况优化分析程序。该软件可以根据前几天供热系统的实测供回水温度、循环流量和室外温度，预测当天的最佳工况（供回水温度、流量）匹配，进而对热源和热力网实行直接自动控制或运行指导。

4．及时诊断故障，确保安全运行

目前我国在供热系统上尚无完备的故障诊断系统，系统故障常常发展到相当严重程度才被发现，既影响了正常供热，也增加了检修难度。

计算机监控系统可以配置故障诊断专家系统，通过对供热系统运行参数的分析，即可对热源、热力网和热用户中发生的泄漏、堵塞等故障进行及时诊断，并指出故障位置，以便及时检修，保证系统安全运行。当然对于计算机监控系统本身也可以进行故障诊断，发现问题，及时处理。

5．健全运行档案，实现量化管理

由于计算机监控系统可以建立各种信息数据库，能够对运行过程的各种信息数据进行分析，根据需要打印运行日志、水压图、煤耗、水耗、电耗、供热量等运行控制指标。还可存贮、调用供回水温度、室外温度、室内平均温度、压力、流量、故障记录等历史数据，以便查巡、研究。由于计量能力大大提高，因而健全了运行档案，为量化管理的实现提供了物质基础。

供热系统的计算机自动监控，由于具备上述功能，不但可以改善供热效果，而且能大大提高系统的热能利用。一般在手动调节的基础上，供热系统还能再节能10%～20%左右。

供热系统自动检测与控制，有常规仪表监控系统和计算机监控系统两种。后者与前者比较有明显的优越性，因而得到迅速发展。主要优点是：

（1）计算机系统，由软件程序代替常规模拟调节器，往往一个软件程序能代替几个甚至几十个常规调节器，不但系统简单而且能实现多种复杂的调节规律。

（2）参数的调节范围较宽，各参数可分别单独给定；给定、显示和报警集中在控制台上，操作方便。

（3）性能价格比占优。据统计（见表3-1、表3-2），一个热网热力站，同样进行温度、压力和流量的自动测量与记录，其价格费用相差无几，但微机系统可以进行数据信息和控制指令的无距离通讯，可见其性能价格比优于常规仪表系统。

热力站常规仪表检测系统价格表

表 3-1

序号	名　称	规　格	数量	单价（元）	总价（元）
1	压力变送器	DBY—120	3	700.00	2100.00
2	差压流量变送器	DBL—440	2	1150.00	2300.00
3	记录仪（BA₂）	XQD—100	2	1200.00	2400.00
4	记录仪（0~10mA）	XWD—102	5	1300.00	6500.00
5	比例积算仪	DXS—102	2	700.00	1400.00
6	铂电阻	BA₂	2	86.00	172.00
7	针型阀		2	115.00	230.00
8	表盘	KGD-221	1	2000.00	2000.00
9	节流装置		2	802.00	1604.00
10	安装调试费			35%	6547.1
	总计				25253.10

热力站微机监控系统价格表

表 3-2

序号	名　称	规　格	数量	单价（元）	总价（元）
1	电动蝶阀	D971X	1	4000	4000
2	热力站控制机	RH—DCU—UP4210	1	9500	9500
3	压力变送器	DBY—120	3	700	2100
4	温度变送器	RH—CWS	2	300	600
5	通讯接口		1	1300	1300
6	通讯电话线				2500
7	总设备费				20100
8	安装调试费			35%	7035
9	总费用				27135

注：表 3-1、表 3-2 系 1988 年价格。

二、计算机监控系统的分类

目前通用的有如下几种计算机监控系统。

1. 计算机直接数字控制系统（简称 DDC）如图 3-1 所示

计算机在对调节对象进行直接数字控制时，可根据被调参数的给定值和测量值的偏差等信号，通过规定的数学模型的运算，按一定的控制规律（如 PID 即比例积分微分调节），再算出调节量的大小或状态，以断续形式直接控制执行机制（如电动调节阀等）动作，实现计算机直接对调节对象（如供热系统）进行闭环控制。由于计算机要对几个甚至几十个回路进行控制，因而对一个控制回路来说，送到执行机构上的控制信号是断续的。当控制信号中断时，则必须保持原来执行调节机构的位置不变。所以，DDC 控制系统实质上是一种断续控制系统。只要将采样周期取得足够短，断续形式也就接近于连续的模拟调节了。

调节对象的各被调参数（温度、压力、流量等），通过传感器（接受热工参数信号）、变送器（将热工参数信号转换为电信号），变成统一的直流电信号，作为 DDC 的输入信号。采样器根据时间控制器给定的时间间隔按顺序以一定速度把各信号传送给放大器（常常将放大器置于变送器内）。被放大后的信号再通过模／数（A／D）转换器转换成一定规律的二进制数码，经输入通道送到计算机中，计算机按照预先存放在内存贮器中的程序，

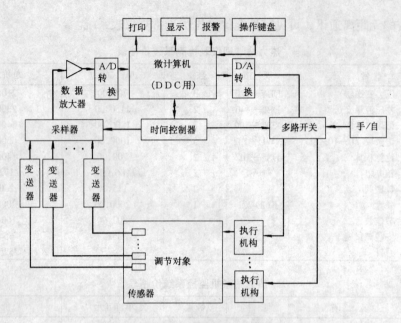

图 3-1　DDC 系统简单框图

对被测量数据进行一系列的运算处理（如按 PID，自学习等运算），从而得到阀门位置或其他执行机构位置的控制量，再由计算机以二进制数码输出，经数/模（D/A）转换器后，将数字量变为模拟量（电压或电流信号），通过多路开关送至执行机构，带动阀门或其他调节机构动作，达到控制被调参数的目的。手/自为手动、自动切换开关。单机控制系统一般都采取 DDC 系统。有的把 DDC 监控系统称为基本调节器。

2. 监督控制系统（简称 SCC）

该控制系统是用来指挥 DDC 控制系统的计算机系统。其原理如图 3-2 所示。SCC 计算机系统的作用是根据测得生产过程中某些信息，及其他相关信息如天气变化因素、节能要求、材料来源及价格等等，按照预定数学模型进行计算，确定出最合理值，去自动调整 DDC 直控机的设定值，从而使生产过程处于最优状态下运行。

由于 SCC 系统中计算机不是直接对生产过程进行控制，只是进行监督控制和决定直控系统的最优设定值，因此叫监督控制系统，以作为 DDC 系统的上一级控制系统。

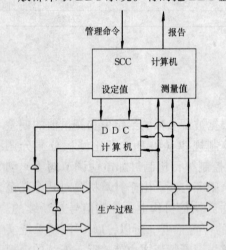

图 3-2　SCC 控制系统

由于 SCC 计算机需要进行复杂的数字计算，因此要求计算机运算速度快，内存容量大，具有显示、报表输出功能以及人机对话功能。一般可采用通用型 586，PⅡ等型计算机。

3. 分级控制系统

将各种不同功能或类型计算机分级连接的控制系统称为分级控制系统，如图 3-3 所示。从图中看出，在分级控制系统中除了直接数字控制和监督控制以外，还有集中管理的功能。这些集中管理级计算机称为 MIS 级，其主要功能是进行生产的计划、调度并指挥 SCC 级进行工作。这一级可视企业的规模大小又分设有公司管理级、工厂管理级等。

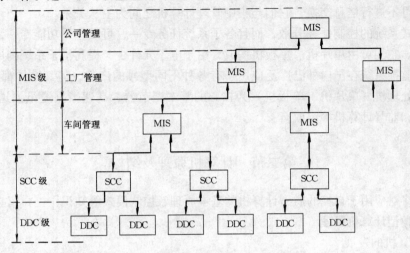

图 3-3　分级控制系统

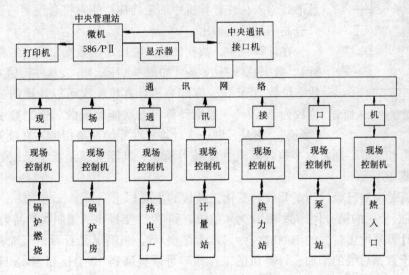

图 3-4　分布式计算机监控系统

　　分级控制系统是工程大系统，所要解决的问题不是局部最优化的问题，而是一个工厂、一个公司的总目标或任务的最优化问题。最优化的目标可以是质量最好，产量最高，原料和能耗量小，可靠性最高等指标，它反映了技术、经济等多方面的要求。

　　MIS 级计算机，要求有较强的计算功能，较大的内存容量及外存贮容量，运算速度较高，可以选用 586，PⅡ通用型计算机。

　　4．分布式计算机监控系统

　　分布式监控系统又可叫集散控制系统，由于计算机技术的发展，特别是单片机、单板机技术迅速发展和普及，可以将不同要求的工艺系统配以一个 DDC 计算机子系统，子系统的任务就可以简化专一，子系统之间地理位置相距可远、可近，用以实现分散控制为主，再由通讯网络，将分散各地的各子系统的信息传送到集中管理计算机，进行集中监视与操作，集中优化管理为辅的功能。其原理如图3.4所示。

　　分布式系统中各子系统之间可以进行信息交换，此时各子系统处于同等地位。各子系统之间也可不进行信息交换，它们与集中管理计算机之间为主从关系。

　　分布式系统的控制任务分散，而且各子系统任务专一，可以选用功能专一，结构简单的专控机。它们可由单片机、单板机构成，由于电子元件少，提高了子系统的可靠性。分布式微机监控系统在国内外已广泛应用，有各种不同型号的产品，但其结构都大同小异，皆是由微处理机（单片机、单板机）为核心的基本调节器、高速数据通讯通道、CRT显示操作站和监督计算机等组成。

第二节　计算机原理及结构

　　本节将对应用于自控的微型计算机的基本原理、控制模式等知识作一介绍。

一、微型计算机原理

1. 计算机的发展

图3-5　数据的输入输出

　　理想的微型计算机，就像一个通用的数字系统，以二进制信息形式输入，在计算机中加工处理，使它符合预期的要求，并以二进制信息形式输出。

　　在计算机中，数据的输入输出是由数据总线完成的（双向运行）。数据总线有 N 条（如图3-5所示），表示并行送入计算机的数字位数为 N 位，亦即表示计算机一次可以处理的二进制数字位数为 N 位。一般把计算机一次能处理的二进制数字位数称为"字长"，它是反映一个计算机性能的重要指标，直接关系到处理数据的能力和速度。通常称8位计算机、16位计算机，其涵义就是指字长或数据总线的条数为8或16。

　　计算机的发展已经经历了几代的变化，换代的主要标志就是字长的增加。如1971年美国INTEL公司的第一代产品4040为4位机，到1982年推出的第四代产品为32位微处理器，其计算速度由过去的5000次/秒到几十亿次/秒，提高了几百万倍。现在还在继续发展。由于数据总线的增加，计算机的工作频率可以提高到20MHz和500MHz。在数据总线增加的同时，地址总线（负责数据存储，详见后）也相应增加，计算机内存可扩展为4M～128M存数单元，甚至更多。总之，计算机的发展方向是运算速度愈来愈快，内存的扩大处理事务能力愈来愈大。

2. 微型计算机结构特点

　　微型计算机由三个基本部分组成：微处理器、存储器和输入输出接口。三者之间由数据总线、地址总线、控制总线相联接，如图3-6所示。

　　（1）微处理器，即计算机CPU，主要包括运算器和控制器两部分。运算器可以完成算术运算和逻辑运算，它从存储器中获得数据进行运算之后再把运算结果送回存储器。控制器是整个计算机的神经中枢，由它发出信号指挥各部分协调工作，它不断地从存储器中把指令一条一条地取出来，经控制器中的指令译码器译码，形成一系列的控制脉冲，这些脉冲控制CPU内部和外部各个部件，使其在适当时机选择适当数据，进行必要的运算，将运算结果再送至重要的地方。

（2）存储器，存储器分内存和外存，在微型计算机中，最常用的内存是半导体存储器，而最常用的外存设备是磁带和磁盘。计算机的信息（程序、数据）可以保存于各种计算机存储器中，所存储的全部信息为二进制逻辑代码，即逻辑 1 和 0。对于内存，CPU 可直接通过三总线实现读写；对于外存，CPU 需要经过 I/O 接口才能进行访问。

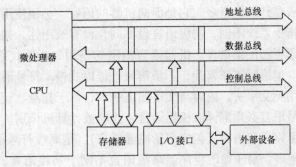

图 3-6　微型计算机外部结构

半导体存储器（内存）中分为两大类，即只读存储器和随机存储器。只读存储器，只能将存储器中的内容读出来，不能更改内容。一般是将成熟的程序固定在只读存储器中，构成专用的控制机，如电脑洗衣机，就是将洗衣程序固化在只读存储器中，实现洗衣的自动操作。

程序和数据是在芯片制造时，由厂家直接"存入"存储器中的叫掩模 ROM。程序和数据由用户编制并写入存储器芯片，而可以通过紫外线擦抹更改内容的，称为 EPROM。

随机存储器（RAM），又称读写存储器，工作时既可写入又可读出。用来存放中间计算结果及程度，一经断电数据即丢失。

（3）输入输出设备，计算机输入输出设备是通过 I/O 接口电路与微处理器（CPU）相连接的外部设备，主要有三类：

1）人—机对话设备，输入设备有键盘、光笔鼠标器。输出设备有显示器 CRT、打印机、绘图仪等。目前开始发展智能化终端声音识别输入系统等，更便于非专业人员应用。

2）检测设备，各种物理量的测量信息（温度、压力、流量）需经 A/D（模/数）转换器转换才能送入计算机。计算机控制指令需经 D/A（数/模）转换器转换才能输出。

3）外存储器，有磁盘、磁带。磁盘中又分软磁盘和硬磁盘，其存储容量可有几百千字节到上百兆字节。

（4）三总线，是指数据总线、控制总线和地址总线。数据总线如前所述，是负责计算机数据的输入输出的，它的条数表示计算机一次可以处理二进制数字的位数。控制总线的功能是传递 CPU 控制器发出的指令，实现各部分协调工作。地址总线的作用是负责在存储器中安排信息存取的位置。地址总线的条数，直接表示其寻址能力，如地址总线为 16 条，表示存储器中的存储量为 $2^{16}=64K$（B）；若地址总线为 20 条，则直接寻址能力为 $2^{20}=1M$ 字节，即表示可从这 1M 字节中取存所需要的指令或操作数。在 CPU 芯片中一般都标出了三总线的接线端子。

3. 计算机软件

计算机软件也就是程序，用来操作计算机。软件的质量在很大程度上左右着整个计算机的功能，如果软件设计不合理，使用不当，则计算机的作用可能只发挥 20% ～ 30%。软件的主要作用可以是翻译、管理、调度和检查等。

软件的种类很多，按描述方式和功能分类分别为：

（1）按软件描述方式分类。从描述方式可分为初级语言和高级语言。初级语言的基本组成是计算机指令。它是面向机器的语言，必须使用机器代码指令，而且不同型号的计算机指令系统不同，初级语言也不同，没有通用性。初级语言有三种形式，即机器语言、符号语言和汇编语言。机器语言的语句是用二进制代码编写的指令，可以直接被计算机识别。但编写工作繁杂，不易辨认，难以找错。符号语言是一种改进形式的机器语言。指令采用英文字头，内容与文字描述一致，便于检查、记忆。符号语言与机器语言一一对应，符号语言必须翻译成机器语言，才能被计算机识别。符号语言就是初级汇编语言。汇编语言可以有宏语言（包含多条机器语言），是高级符号语言。汇编语言在编写程序时采用符号地址，易于修改程序。高级语言不同于初级语言，是脱离计算机针对实际问题编写程序，称为面向问题的语言。高级语言符合习惯写法，便于科技人员自己编写程序，而不必通过程序员代编。科技人员编写的高级语言称为源程序，由计算机直接把源程序翻译为计算机能接受的程序即目标程序，这样计算机就可以执行了。目前高级语言有 BASIC 语言、FORTRAN 语言、PROLOG 语言等。

（2）按软件功能分类。按功能可分为系统软件和应用软件。系统软件也叫基础软件，主要是指操作系统、语言处理程序、数据库、诊断检查程序等。

1）操作系统。是计算机系统的一个管理和指挥机构，或控制中心。它可以使系统自动地、协调地、高效率地工作。从资源管理角度上看，操作系统可有如下功能：

存储管理——当有多道作业时，可合理分配使用存储器；

外部设备管理——合理使用外部设备；

CPU 管理——合理地将 CPU 分配给各个作业；

信息管理——自动管理文件。

在操作系统的支持下，用户只要发出简单的命令，计算机就会自动协调工作。因此操作系统可理解为用户与裸机之间的接口。

目前应用较广的 DOS 及 Windows 操作系统，具有很高的通用性。

2）语言处理程序，是指各种语言的编译程序和解释程序。应用语言处理程序，就可将用户编写的高级语言程序由源程序翻译为目标程序和执行程序。

3）数据库。是实现有组织地、动态地存储大量关联数据，方便多用户访问的计算机软、硬件资源组成的系统，它与文件系统的重要区别是数据的充分共享与应用（程序）的高度独立性。数据库系统包括数据库和数据库管理系统两部分。数据库管理系统提供了对数据的定义、建立、检索、修改等操作以及对数据的安全性、完整性、保密性的统一控制。如 DBASE 即为一种数据库系统。

4）诊断检查程序，用来对硬件设备进行综合考察，查寻故障，并指明故障发生部位。

应用软件是指系统软件以外的其他软件。应用软件的特点是具有明显的针对性。它包括信息处理（如解题程序）、过程控制、计算机辅助设计、自动测量等。随着计算机应用的普及，应用软件日趋丰富多彩。

二、单片微型计算机

单片微型计算机作为微机家族中的一员，自 1976 年问世以来，以其极高的性能价格比，越来越受到人们的重视和关注。单片微型机（单称单片机）的出现，使计算机获得了更加广泛的应用。目前国内单片机已成功地运用于智能仪表、机电设备、过程控制、数据处理、自动检测和家用电器等各个方面。

单片机就是在一块硅片上集成了 CPU、RAM、ROM（EPROM），定时器/计数器和多种 I/O 接口（如并行、串行及 A/D 转换器等）的一个完整的数字处理系统。也可以把单片机看作是没有外部设备的微型计算机，如图 3-7 所示。

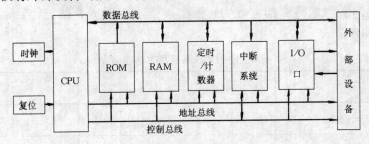

图 3-7 单片机

80 年代以来，单片机发展非常迅速，国际上一些著名的半导体器件厂家已投放市场的产品就有 50 多个系列，其中在我国应用最为广泛的是 INTEL 公司的 MCS—51、MCS—96 系列单片机，日本 NEC 公司生产的 78AD 系列单片机。表 3-3 给出了上述单片机的主要性能。由表中性能可知，选用上述芯片，再配置相应的外围接口芯片，就可以组成不同规模不同功能的单片机。

单 片 机 性 能 表 表 3-3

系列	MCS51		MCS96	78AD	
CPU	8031	8751	8098	μPD78C11A	μPD78C12A
ROM	外接	4K×8 位 EPROM	外接	4K×8 位	8K×8 位
RAM	126×8 位	126×8 位	232×8 位	256×8 位	256×8 位
计数器	2×16 位	2×16 位	4×16 位	3×16 位	3×16 位
I/O 接口	32 位	32 位	40	8(入),8×5(出)	(同左)
串行口	1	1	1	1	1
A/D 转换	—	—	10wug	—	—
数据线	8 位	8 位	16 位	8 位	8 位

例如选用 MCS51 系列 CPU 为 8751 芯片一片，外加不同数量的 I/O 接口，A/D 和 D/A 转换器，组装在一块电路板上，形成一个单片单板机，再配以电源电路、机壳即成为一台控制机或称为基本调节器。由于品种众多，不能一一介绍，现以清华同方人工环境工程公司生产的 RH—DCU 系列为例说明其基本组成和基本功能。

RH—DCU 系列控制机以 MCS—51 单片机为核心，外加各种输入/输出接口芯片，继电器陈列，数码管显示块，状态显示灯及键皿组成一块单板机。再根据不同规模的机板，配以不同规格的电器设备，如交流接触器、直流整流电源板、接线端子排、热保护启动开关等控制元器件组装在一个控制柜中，即形成了一台完整的工业控制机。用户可以根据控制对象的不同，选用不同的机型，如 DCU6242，DCU4221，DCU—CW5000，DCU—CW4200 等等。该系列产品的基本功能见表 3-4。其中控制机带有继电器驱动的交流接触器；巡检仪无交流接触器，只有检测参数功能无控制功能。在型号中写明的 4 位数字，依次表示 DI、AI、DO 和 AO 的路数。DI 表示数字量输入，适用于频率信号及状态信息

（通、断）的检测。DO 表示数字量的输出，用于设备（如水泵、风机）的启、停控制。AI 表示模拟量输入，用于电压、电流信号的输入。AO 表示模拟量的输出，用于调节阀的阀位控制。数字的 4 倍表示路数，如型号 RH—DCU—UP6242，表示下位柜式控制机，有数字量输入 24 路（能测量 24 个压力、温度）、模拟量输入 8 路、数字量和模拟量输出分别为 16 路和 8 路。

RH—DCU 系列基本功能

表 3-4

序号	型号	DI	AI	DO	AO	RAM	ROM	主 要 应 用
1	—UP—6242	24	8	16	8	8K（＊＊）	32K	热力站、冷冻站
2	—UP—6260	24	8	24	0	8K（＊＊）	32K	同上
3	—UP—4221	16	8	8	4	8K（＊＊）	32K	同上
4	—UP—4210	16	8	4	0	8K（＊＊）	32K	同上
5	—UW—4040	16	0	16	0	8K（＊＊）	32K	组合式空调系统冷冻站柜式空调机
6	—UW—2020	8	0	8	0	8K（＊＊）	32K	同上
7	—CF—1020	8	0	8	0	8K（＊＊）	16K	同上
8	—CF—1020	2	0	6	0	128K（＊）	32K	柜式空调机小型冷冻站空调系统末端装置
9	—CW—2210Q	8	8	4	0	8K（＊＊）	32K	蒸汽计量、热量计量
10	—CW—4200	16	8	0	0	8K（＊＊）	32K	多路参数巡检
11	—CW—5000	20	0	0	0	8K（＊＊）	32K	同上

注：—UP—柜式控制机，—UW—壁挂控制机，—CW—壁挂巡检仪，—CF—盘装仪表（＊）无外 RAM 扩展，（＊＊）具有断电保护电路。

三、STD 总线工业控制机

STD 总线是由美国于 1978 年推出，应用于模块化系列的工业控制机上。其特点是通过共有总线把各种功能模块组装在一起，形成一台控制计算机。这种控制机已广泛应用于集散式控制系统中的下位机。由于芯片集成度增高，STD 总线制的机型已出现 STD—PC，STD—XT 等更高型式的工业控制机。

STD 总线工业控制机由功能模板、机笼机箱和电源三大部分组成。

功能模板由印刷电路板以及其上的芯片、元器件、总线插头组成。总线插头上共有 56 条线，每条线皆为镀金线，因此亦称为"金手指"。其中每一条线都按照总线规则给予定义，分别为数据线、地址线、控制线和电源线。为了使整机小型化，模板尺寸也比较小。为（114×165）mm²。每一块模板的功能也比较单一，如 A/D 转换板、隔离放大板、I/O 接口板、通信板等。不同的厂家生产不同系列的产品，但由于遵循标准总线的规定，因而具有通用性。用户可以根据工艺要求选择相应的功能模板加以组装。功能模板原理见图 3-8 所示。

机笼是一个框架，用于固定和联接功能模板，其结构见图3-9。在机笼后方是一块母板，上面固有多个总线插槽3，每个插槽上也有56条线与定义相同的56条总线相联接。当不同的功能模板1插在总线插槽内时就联成为一台整机。

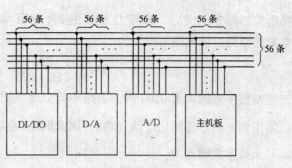

图3-8 功能模板原理图

提供各种模板使用的电源一般为+5V、±12V以及其他辅助电源。

STD总线工业控制机由于便于组态，小巧灵活，维修方便，越来越得到比较广泛的应用。

四、A/D、D/A转换

通常遇到的测量参数如温度、压力、流量、阀位等都是模拟量，它们是连续变化的。从时间上，它随时间的变化连续变化；从数值上，其大小也是连续变化的。计算机所识别的数字量不具备这些特点，其数字量是离散值，或者增加一个单位，或者减少一个单位；其变化也是不连续的。为了使计算机能对模拟量进行检测、运算处理和控制，必须在其送入计算机之前，先进行变换，使模拟量转换为等效的数字量称为A/D转换。数字量在计算机内运算处理后仍然是数字量，为了控制驱动外部设备，必须再将数字量转换为模拟量，这称为D/A转换。

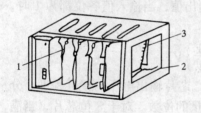

图3-9 机笼图

1—模板；2—机笼；3—母板，插槽

1.D/A转换原理

把一个数字量转换为模拟量，其核心是把 n 个数字表示的电压值变成一个等效的模拟电压值。将数字的每一位按权的数值转换成相应的模拟量，然后将各位的模拟量相加，所得的总模拟量就是与数字量成正比的模拟值，这就完成了D/A转换。

D/A转换可分成并行和串行两种方式，并行方式是数字量的各位代码同时送到D/A转换器的输入端。这种方式转换速度快，一般D/A转换集成电路芯片都做成并行方式。并行方式D/A转换器主要部分是电阻网络，一种叫权电阻网络，另一种叫二进制梯形网络，也称T型解码网络。图3-10所示为二进制梯形网络。

该电阻网络只有 R 和 $2R$ 两种阻值电阻。网络各支路是否同基准电压连接，取决于输入的二进制数字量。如果是"1"则与基准电压相连，如果是"0"则与地相连。输出接运算放大器，实现各支路电压的累加。根据电路图3-11可推导出输入与输出的关系式。

当二进制数字量输入为1000时，

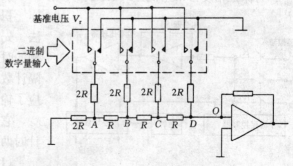

图3-10 二进制梯形网络

85

电路形式如图 3-11 (b)，即与 D 连接的 $2R$ 电阻与基准电压 V_r 连接，其他接地。根据并联电路的原则，该电路可简化为图 (c) 形式，于是得到 O 点电压 V_0 为

$$V_0 = V_D = \frac{2R}{2R + 2R} \cdot V_r = \frac{1}{2} V_r \tag{3-1}$$

当二进制数字量输入为 0100 时，电路中与 c 连接的 $2R$ 电阻与基准电压 V_r 连接，其他接地。采用如上的方法简化电路（略），则此时 O 点电压 V_0 变为 $V_0 = \frac{1}{4} V_r$。按照同样方法，对于数字量输入为

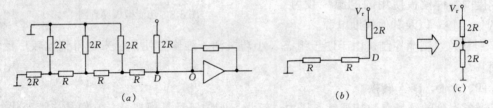

图 3-11 电路图

0010 时，$V_0 = \frac{1}{8} V_r$；输入量为 0001 时，$V_0 = \frac{1}{16} V_r$。

上述电压输出值经运算放大器累加，最后获得的模拟量输出电压为

$$V = -\left(\frac{1}{2} B_3 + \frac{1}{4} B_2 + \frac{1}{8} B_1 + \frac{1}{16} B_0 \right) V_r \tag{3-2}$$

式中 B_3、B_2、B_1、B_0——为二进制数字量各位取值。

若对应 n 位二进制数字量输入，则有 2^n 个模拟量输出值，当输入值各位都为 1 时，对应的模拟量输出电压为满度电压：

$$V = -\left(\frac{1}{2} + \frac{1}{4} + \frac{1}{8} + \cdots + \frac{1}{2^n} \right) V_r \tag{3-3}$$

完成 D/A 转换功能的芯片称为 DAC 芯片。选择 DAC 芯片输出电压的接近程度。分辨率是 DAC 所能分辨的最小电压增量，取决于输入数字量的位数。对于 8 位芯片，当满量程为 10V 时，其分辨率为 $\frac{1}{2^8} \times 10V = 39mV$。

2. A/D 转换原理

A/D 转换器将模拟量转换为数字量，简称 ADC，一般有三种形式：积分式、逐次逼近式和计数器型。积分式 ADC 芯片转换时间较长但抗干扰能力强，在转换速度允许的条件下，为保证精度常采用积分式 ADC。

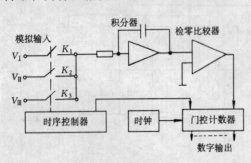

图 3-12 双积分 A/D 转换

积分式 A/D 转换器采用间接测量的方法，先把输入电压变换成与自身平均值成比例的时间间隔，然后再用计数器对这时间间隔计数，测出这段时间，计数值的大小就对应了输出电压的大小，其原理见图 3-12。

它的工作过程主要分为定时采样和定量计时两个阶段。

（1）定时采样。由控制电路发出信号把

86

开关 K_1 合上，输入被测模拟电压 V_{in}，该电压接到积分器的输入端，进行固定时间积分。于是积分器输出电压 V_{out}

$$V_{out} = -\frac{1}{RC}\int_0^{T_1} V_{in}dt = V_A \tag{3-4}$$

如果设 V_1 为固定时间间隔 T_1 内 V_{in} 的平均值，即

$$V_1 = \frac{1}{T_1}\int_0^{T_1} V_{in}dt \tag{3-5}$$

则有

$$V_A = -\frac{1}{RC}T_1 V_1 \tag{3-6}$$

式中 R、C——分别为电路积分器的电阻和电容。

（2）定量计时。在 T_1 时间结束之后，由控制器发出信号使 K_1 断开，同时将 K_2 或 K_3 合上，把与 V_{in} 极性相反的基准电压 V_r 接到积分器的输入端。是接通 K_2 还是 K_3 取决于 V_{in} 的极性。这时积分器由于引入相反极性电压，因而输出电压开始复原，当复原到原始状态（零电平）时，检零比较器发出信号，定量计时阶段结束。这段时间用 T_2 表示，积分器输出为

$$V_{out} = V_A - \frac{1}{RC}\int_0^{T_2} V_r dt = 0$$

即

$$V_A = \frac{1}{RC}V_r T_2 \tag{3-7}$$

由式（3-7）与式（3-6）比较，则有

$$T_2 = -\frac{T_1}{V_r}\cdot V_1 = KV_1 \tag{3-8}$$

由式（3-8）看出，定量计量输出的时间间隔 T_2 与输入被测电压的平均值 V_1 成正比。用 T_2 对门控计数器做定时控制，则计数器计数多少与 T_2 也成正比。于是输入到积分器的模拟量将与计数器上输入的数字量一一对应，从而实现了模数（A/D）转换。

这种转换方式，由于在一次转换过程中完成了两次积分运算，因此称为双积分转换器。由于被测电压是 T_1 时间间隔内的平均值，因而对常态干扰有较强的抑制能力。因二次积分，故转换速度较慢。

第三节 热工参数的测量

供热系统测量控制的主要参数为温度、压力、流量和热量等。测量参数的仪表称为传感器、变送器。传感器感应供热系统中的各种参数，变送器则将其变换为电信号，送至计算机。因此，传感器、变送器被视为计算机监控系统的"眼睛"。在计算机监控系统中，测量温度、压力、流量的仪表，分别称为温度、压力和流量传感器，变送器。参数的调节控制一般是通过执行器及其驱动电路来实现的。最常用的执行器如电动调节阀等。在计算机监控系统中，执行器的动作代替了人的操作，因此，执行器是工艺自动化的"手脚"。

传感器（包括变送器）、执行器的投资约占整个计算机监控系统总投资的 40% ～

70%。传感器、执行器的故障率约占计算机临近系统总故障率的60%以上。因此，可以看出：传感器、执行器不但是计算机监控系统的重要组成部分，而且也是比较薄弱的一个环节。

传感器容易出现的故障主要是无测量信号或测量数据不准。执行器的故障主要是驱动器失灵，发生误操作。传感器又称为一次仪表，往往和执行器一起安装在供热系统中工作条件最差的部位，这样发生故障的几率就更高了。因此，从某种意义上说，计算机监控系统工作的可靠性和调节品质的好坏，很大程度上取决于传感器和执行器。

传感器不能有效实现测量功能，一个重要原因是选型不当。其次是变送器和执行器的驱动电路维护不当。因此，为了正确设计及时维修，必须对传感器、变送器以及执行器、驱动电路的性能、特点有基本了解。

一、传感器与变送器的性能描述

传感器、变送器的性能主要由以下几个参数描绘。

1. 测量范围。一般传感器的样本都给出该传感器正常工作的测量范围，以及相应变送器信号输出范围。选用传感器时，其实际测量值应在传感器满量程的60%左右为宜，过大过小都将影响测量精度。为保证这一点，传感器口径常常小于管道直径，安装时需要缩口（特别是涡街流量传感器），这是正常的。

2. 准确度。准确度是指传感器、变送器测出的数值与被测量参数实际数值的差值，因此是绝对精度。许多产品精度按百分比表示，如一级表，即指精度为±1%。但百分比表示法，常常不能看出产品的实际准确度，例如测量范围为0～100℃的温度变送器，±1%的准确度误差为±1℃，而测量范围为0～10℃的温度变送器，±1%的准确度其误差仅为0.1℃。后者的绝对精度远高于前者。因此，在供热系统中，除流量、热量可用百分比衡量精度外，温度、压力等参数测量一般应该以具体的测量误差来衡量精度。

3. 不一致性。表示同一型号的传感器、变送器测量数值的差别。此参数反映传感器、变送器之间的互换性。由于计算机系统往往连接众多传感器，很难逐台进行调整修正，因此希望选择一致性较好的传感器、变送器。

4. 测量误差。由传感器、变送器测出的参数数值，与参数真值存在着误差。这些测量误差包括系统误差（因仪表或环境温度引起的漂移等）和随机误差（重复测量的不一致）。测量误差并不是准确度，测量误差经过一定的数据处理后，才能得到其准确度。

二、变送器的输出特性

变送器要与计算机连接，使其输出的信号能被计算机接收，因此要了解变送器的输出特性。变送器一般有两种输出型式：模拟量输出和数字量输出。

1. 模拟量输出

变送器的输出信号为电流或电压信号。当输出为电流信号时，信号范围一般为0～10mA或4～20mA；当输出为电压信号时，信号范围为0～2V、0～5V或0～10V。模拟量输出的信号要接到计算机的AI接口（模拟量输入口）上，经过A/D变换，变为数字量后，才能最终被计算机所接收。当计算机要求的输入电压为0～2V时，计算机与模拟量输出的变送器的连接方式分别由图3-13～图3-17所示。

变送器以模拟量输出时，一般以二芯屏蔽电缆接出。在选用变送器时，还应注意变送器的带负载能力。对于0～10mA输出信号的变送器，在采用图3-13连接方式时，负载能力应大于200Ω。对于4～20mA同信号的变送器，在采用图3-14的连接方式时，负载能力应大于100Ω，对于电压输出型变送器，当采用图3-15～图3-17的连接方式时，变送器的负载能力应要求输出电流大于1mA。

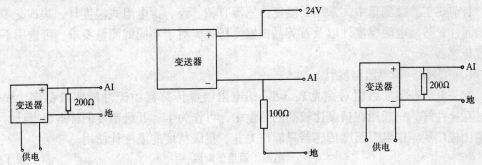

图3-13　计算机与0～10mA输出　图3-14　计算机与4～20mA输出　图3-15　0～2V输出的变送器
　　　的DDZ-Ⅱ型变送器连接　　　　　的DDZ-Ⅲ型变送器连接　　　　　与计算机连接

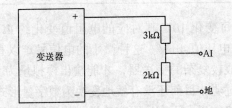　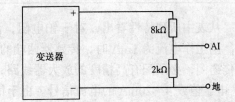

图3-16　0～5V输出的变送器与计算机连接　　　图3-17　0～10V输出的变送器与计算机连接

2．数字量输出

变送器的输出信号是调制后（见第五节）的通断信号。图3-18给出了几种调制信号的形式：

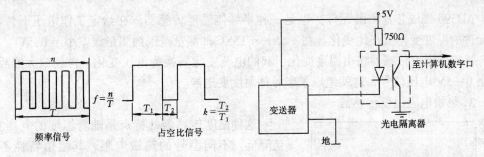

图3-18　几种数字量输出的信号形式　　　图3-19　数字型变送器与计算机连接

输出上述数字量形式的变送器，不需要先经过A/D变换，可直接接到计算机的DI接口上（数字输入口）进行分析处理。图3-19为此类变送器通过光电隔离器直接与计算机连接的一种方式。

光电隔离器的功能是通过光的耦合把电信号传送给次级，再被计算机接收。由于中间没有电路直接联系，可避免各种外界干扰信号进入计算机，从而提高了计算机的抗干扰能力和可靠性。选用这种变送器时，应注意其带负载的能力。按图3-19方式连接时，变送器输出端输出电流能力应大于 4mA（电阻 750Ω），否则光电隔离不能正常工作。

变送器以数字量形式输出时，一般以三芯屏蔽电缆接出。

三、温度传感器

目前热工参数测量中，常用的温度传感器有铂、镍、铜电阻式温度计，集成化 PN 结测温元件，热敏电阻温度计以及石英晶振温度计等，对于不同的测量要求，可选用不同的温度传感器。

1. 铂、镍、铜电阻温度计

有关电阻—温度数值对照见表 3-5。铂电阻温度传感器由于性能比较稳定，线性度好，互换性好，一般用在精度比较高的测量中，可作为 Ⅰ、Ⅱ 级精度的标准温度计，目前应用比较广泛。铜电阻温度传感器只能作为 Ⅱ、Ⅲ 级精度的温度计使用。

电阻、温度值对照 表 3-5

温度 t (℃)	电 阻 R (Ω)		
	铂	镍	铜
1	100	100	100
100	139	160	144

从表中所列特性看出，对于铂电阻，温度每变化 10℃ 其对应的电阻值变化约 4Ω 左右。当工作电流为 1mA 时，传感器两端的输出电压值 4mV。这种微小的电信号难以直接远传遥测，必须配有高精度的放大器线路，组成较复杂的变送器，才能输出模拟量为 0～5V 电压值或 4～20mA 的电流信号。由于信号过弱，目前还没有就地变换为数字量形式的变送器。由于上述原因，铂电阻温度传感器价格较贵，不宜远距离输送，使用范围受到限制。

2. 集成化 PN 结测温元件

这种温度传感器主要是根据半导体 PN 结的感温特性制作的。PN 结测温元件输出的直流电压为 100mV/℃，便于处理。缺点是精度不高，一致性较差，适用于精度要求不高的场合。

AD590 集成芯片测温元件，也是一种半导体温度传感器。在给定工作电压下，电流随元件的温度变化成正比变化。在 −55～+155℃ 的测量范围内测量误差小于 0.5℃。

半导体温度传感器将由温度变化引起的电流变化转换为电压变化，再经放大器放大，输出 0～5V 电压信号，这就组成了半导体温度变送器。

3. 热敏电阻温度传感器

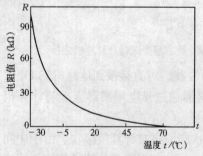

图 3-20 TX 型热敏电阻、电阻
与温度的关系

这种温度传感器的特点是随着温度的升高其阻值降低。不同型号的热敏电阻，其阻值特性不同，主要是其 B 值（材料常数）和标称值（温度为 25℃ 时的阻值）不同，比如 TX 型的比 TZ 型在同温度下的阻值低，阻值特性曲线如图 3-20，图 3-21。其中 TX 型主要用于测量室内及室外温度，测温范围 −30～60℃。TZ 型主要用于测量热水管道水温，测温范围为 0～100℃。

一般的热敏电阻外形如图 3-22（a）用万用表可

粗测其电阻值。使用万用表测量时只要直接测量其两极引线间的阻值即可。有时为了提高热敏电阻的一致性（即：使每个热敏电阻阻值与温度间的关系都相同），制造出"配对式"热敏电阻，即将两个热敏电阻配合在一起使用。一般有串联型（如图 3-22（b））和并联型（图 3-22（c））两种。

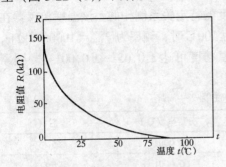

图 3-21　TZ 型热敏电阻、电阻
与温度的关系

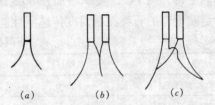

图 3-22　热敏电阻温度传感器
（a）一般型；（b）串联型；（c）并联型

　　此时只有在两个电阻装在一起使用时才有效，当一个电阻损坏时，此热敏电阻对即损坏。绝不允许随意拆开热敏电阻对或给热敏电阻做其他的配对。串联或并联热敏电阻对，只能测量两侧引脚间的电阻值才有意义。热敏电阻体积小，引线细，玻璃珠机械强度不太好。因此在安装和测量时一定要防止损坏。

　　由于热敏电阻阻值较大，有时达 $10\sim20k\Omega$ 或更高，因此在用万用表测其阻值时一定不能用手握住它的两个引脚，这是因为人体的电阻值一般在 $10k\Omega$ 左右，用手握住热敏电阻的两个引脚，相当于给它并联上一个电阻，致使测出的电阻值偏低。正确的方法应该是用手握住一个引脚及万用表笔，用另一只表笔与另一个电阻引脚接触进行测量。

　　热敏电阻体积很小，因此很小的功率就会使其发热，从而使热敏电阻的温升影响了测量的准确性。因此，在测量热敏电阻时，一般要求它通过的电流小于 $100\mu A$，或平均功率小于 $0.01mW$。

　　为了对温度进行计算机测量，还需要将热敏电阻的信号变为电信号，这就需要"变送器"。一般的变送器将热敏电阻的电阻信号转换为电压或电流信号，再送至二次仪表进行测量。当使用计算机进行检测时，为了减少信号传输和二次测量转换所引起的误差，则采用了直接数字量输出的变送器。其测量原理如图 3-23。

　　三端稳压器将工作电源稳定在 5V，给时基电路 555 供电。电源通过标准电阻 R 对电容 C 充电，这时 D_1 导通，D_2 截止，热敏电阻内无电流通过。当电容 C 上的电压充高至一定程度时，555 电路翻转，脚 7 上电平变为 0，于是二极管 D_1 截止，电容 C 通过二极管 D_2 和热敏电阻 R_t 而向 555 的管脚 7 放电，直至 C 上的电压降低后，555 电路重新

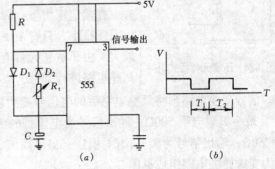

图 3-23　数字式温度变送器
（a）电路原理；（b）占空比输出信号

翻转为止。这样，充电周期的时间与放电周期的时间之比，等于标准电阻 R 与热敏电阻 R_t 间的阻值之比，于是，只要测出电路 555 的充电周期 T_2 和放电周期 T_1 时间来，即可计算出热敏电阻 R_t 与标准电阻 R 的阻值之比，$R_t/R = T_2/T_1$，进而可求出热敏电阻值 R_t 和温度 t。

4. 石英晶振温度传感器

这种温度传感器是利用石英谐振器的频率与温度的特定关系制作的。该温度传感器在温度为 $0℃$ 时，其频率值约为 $f_0 = 9980kHz$；温度为 $100℃$ 时，频率为 $f_{100} = 1000070kHz$，即温度每升高 $1℃$，频率增加 $9900kHz$，因此其测温精度可达 $\pm 0.05 \sim \pm 0.001℃$。国家计量院生产的石英晶振温度传感器性能列于表 3-6 中。

石英晶振温度传感器性能 表 3-6

型　　号	量　程（℃）	误　差（Hz）	分辨率（℃）	滞　　后（s）
SQT-BZ	$-80\sim0$	±15	0.0001	$\leqslant5$
SQT-QZ	$0\sim100$	±10	0.0001	$\leqslant5$

这种温度传感器具有精度高、性能稳定和线性度好等特点，又能以频率信号输出，故便于数字化和远距离测量。适合于温度变化较慢而测量精度要求高的场合，如供热系统中用于热量核算的计量站的温度测量中。

四、压力传感器

压力传感器的压敏元件为压阻型敏感元件，在同一弹性基体上均布 4 个应变电阻，组成一个桥路，见图 3-24。当压敏元件处于常态，没有外加压力时，设计时使 $R_1 = R_2 = R_3 = R_4$，这时桥路输出电压 Δe 为零。当弹性基体（敏感元件 0 受压变形时，4 个应变电阻的阻值发生相应变化，这时在应变电阻的设计中，使 R_1、R_4 为负向变化，则当弹性基体受压变形时，桥路输出一个正向电压信号 Δe。若应变电阻值的变化与外界压力变化成线性关系，则电桥的输出信号和压力的变化也为近似线性关系。

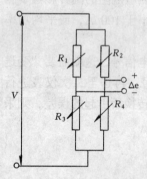

压阻型敏感元件的制作方法为：在一电绝缘弹性基体上，利用光刻或腐蚀方法制成四个应变电阻。一般弹性基体为硅片，适合于集成化生产。桥路电阻的阻值一般在几百欧到数千欧之间，桥路供电电压为 $5\sim10V$。供电电压不宜过高，否则桥路电流过大，会产生热误差。但过小，则会导致敏感元件灵敏度下降。

在额定压力下，弹性元件的形变很小，因此桥路不平衡输出电压很小，只有 $10\sim100mV$，需要通过放大电路将电压信号放大。由于敏感元件存在不一致性，并有温度漂移，需要通过调整电路进行调整，以满足零点及满度的调节，并给予温漂补

图 3-24　压敏元件桥式电路

偿。信号变换电路则将调整电路后的电信号变为输出信号。输出信号当为电压型时为 $1\sim5V$，最小负载电阻 500Ω；输出信号为电流型时为 $0\sim10mA$ 或 $4\sim20mA$，负载电阻不小于 250Ω；输出信号为频率型时为 $1\sim5kHz$ 高波，幅度 $0\sim5V$，负载电流为 $10\sim15mA$。压力变送器的电路组成见图 3-25。

压力传感器有各种型号，但原理基本相同。压力传感头一般采用国产 D-4 型，高档可用美国 316 型。压力测量范围 $0.05\sim20MPa$，精度 1 级至 0.2 级。输出信号为电压、频率

时,电源电压要求为5～9V直流;输出信号为电流时,电源电压为12.5～36V直流。过载能力一般为最大量程的1.5倍。被测流体温度范围 $-45\sim+12$℃。环境温度 $-45\sim+80$℃。对于高性能的传感器,年稳定度在0.2%以内。温度漂移在0.01%～0.04%（每1℃）之间。

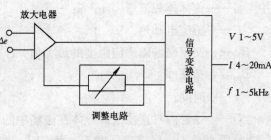

图3-25　压力变送器电路组成

五、流量计

流量是供热系统中重要参数之一，正确测量流量对供热系统的监控有重要意义。测量流量的仪表为流量计，种类有多种多样。孔板流量计精度较高，但阻力大，需要经常校验；涡轮流量计精度也比较高，但因供热系统中被测流体含有杂质，涡轮磨损后测量精度锐减。以上两种流量计，过去在供热系统中使用较多，由于上述缺陷，近年来逐渐减少。电磁流量计、涡街（或漩涡）流量计、弯管流量计及超声波流量计是近年来发展的新型流量计，由于独特的优点，已逐渐在供热系统的测量中广泛使用。

1. 电磁流量计

（1）工作原理

作为电导体的流体在磁场中流动，切割磁力线，在流体中将产生感应电动势。根据感应电动势与流体流速成正比关系，测量流体流量。根据这一原理制作的流量计称为电磁流量计。图3-26表示电磁流量计的原理结构图。主要由变送器、转换器和显示器组成。变送器主要由磁路部分、测量导管、电极、内衬及外壳五部分组成（见图3-27）。绕组产生均匀磁场，流体在导管内流过，垂直切割磁力线，一对电极水平布置在导管内两侧，将流体产生的感应电势引出。变送器材料为满足非磁性、不导电及强度要求，一般选用复合管，即导管外层是非磁性的金属管道（多为不锈钢），内壁镶嵌不导电的绝缘层，如聚四氟乙烯、环氧树脂玻璃、氯丁橡胶或陶瓷等。电极固定在导管壁上，多数直接与流体接触。电极材料必须是非磁性导电体，一般由不锈钢、耐酸钢、铂铱合金制成。

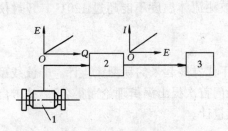

图3-26　电磁流量计的组成
1—电磁流量变送器；2—电磁流量转换器；
3—流量显示记录仪

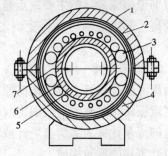

图3-27　电磁流量计变送器
1—上壳；2—磁轭；3—励磁绕组；
4—下壳；5—内衬；6—导管；
7—电极

根据电磁感应的右手定则，可用下式表明流体流量 G 与感应电动热 E 的线性关系。

$$G = \frac{\pi D}{4} \frac{E}{B_{\mathrm{M}}\sin\omega t} \times 10^8 \qquad \mathrm{cm}^3/\mathrm{s} \qquad (3\text{-}9)$$

式中　　G——流体体积流量，cm^3/s；

　　　　E——感应电动热，V；

　　　B_M——交流磁场磁感应强度的最大值，G_s；

　　　　ω——角速度；

　　　　t——时间；

　　　　D——导管内衬直径（即导体在磁场中的长度），cm。

当导管直径 D、磁感应强度 B_M 恒定时，即可通过感应电热 E 的测量反映出被测流体的体积流量 G。

变送器的输出值为交流毫伏信号。转换器的作用是将变送器的微弱输出信号放大并转换为标准直流电流信号输出（0～10mA 或 4～20mA）。为避免电磁干扰，变送器与转换器之间用屏蔽电缆连接，二者距离不许超过 30m。屏蔽电缆需单独敷设，不能与电源线同管敷设。

（2）性能评价

电磁流量计具有独特的优点：

1）阻力小。变送器导管内径与热网管道内径完全相同，内部无阻力元件及活动部件，因此避免了涡轮、靶式、差压等型式阻力大易磨损影响精度和寿命的缺点。

2）测量范围比较宽。热网中流体速度从 0～0.3m/s 到 0～10m/s 范围均可测量。被测管道直径从 2.5mm 到 2.4m 均可适用。

3）测量精度高。输出的标准电流为 0～100mA 或 4～20mA，不受流体温度、压力、密度、粘度等参数的影响，不需进行参数补偿。保证输出电流与体积流量呈线性关系。测量精度为 ±0.5%～±2.5%，一般测量误差与上限流速有关，满刻度流速越高，测量误差越小，当满刻度流速 1m/s 以上时，测量误差为 ±1%。

4）耐磨损，可测腐蚀性流体。与被测流体直接接触的导管内衬和电极，可由耐酸、耐磨材料组成，可测各种酸、碱、盐和矿浆、水泥浆以及纤维溶液。

目前电磁流量计的主要缺点是结构复杂（防止电磁干扰和电源波动带来的测量误差），成本较高。其次是内衬材料受耐温限制，被测流体温度不能超过 120℃。开封仪表厂生产。

2．涡街流量计

涡街流量计是基于流体振荡原理于 70 年代发展起来的新型流量计。非流线型物体后面的尾流振荡现象称为卡门涡街（因纪念卡门首次提出涡街理论而得名）。按卡门涡街理论制造的流量计称为涡街流量计或称旋涡流量计。

（1）工作原理与构成

涡街流量计由旋涡发生体、感测器及信号处理系统（转换器）三部分组成，旋涡发生体是核心。在流体中垂直于流向插入一根非流线型柱状物体，即可成为旋涡发生体。当流速大于一定值时，在柱状物两侧将产生两排旋转方向相反、交替出现的旋涡，这两排平行的涡列称为卡门涡街，如图 3-28 所示。当涡街稳定时（例如，对于圆柱体后的卡门涡街，涡列间隔 h 与旋涡间隔 l 之比 h/l 为 0.281 时才是稳定的），所产生的旋涡频率 f（单侧）和流体速度间有如下关系：

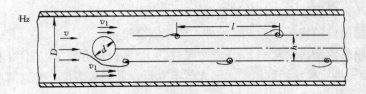

图 3-28　卡门涡街形成原理示意

$$f = St \frac{V_1}{d} \qquad \text{Hz} \qquad (3\text{-}10)$$

式中　V_1——旋涡发生体两侧的流速，m/s；

　　　d——旋涡发生体迎面的最大宽度，m；

　　　St——斯特劳哈尔（Strouhal）数，无量纲。在以 d 为特征尺寸的雷诺数 $Re = 4 \times 10^3 \sim 5 \times 10^5$ 范围内，St 为常数，一般为 0.15～0.22 之间；

　　　f——涡旋频率，Hz。

若设流体管道直径为 D（mm），流体在管道中流速为 V（m/s），F 和 F_1 分别为管道截面积和旋涡中央发生体两侧流通截面积（m^2），且 $m = F_1/F$，上式可表示为：

$$f = St \frac{V}{dm} \qquad \text{Hz} \qquad (3\text{-}11)$$

进而可将流体容积流量 G 表示为旋涡频率 f 的线性关系

$$G = \frac{\pi}{4} D^2 \frac{dm}{St} f = Kf \qquad m^3/s \qquad (3\text{-}12)$$

其中　K——仪表常数，表示单位频率通过的流量值，$m^3/(s \cdot Hz)$。流量计出厂时标定给出，同一口径的流量计 K 值变化很小；口径不同的流量计，K 值不同。

已知 K 值，测得旋涡频率即可计算出流体的容积流量。

旋涡发生体一般由不锈钢制作。其截面形状多为圆形、矩形、三角形或组合形。圆柱体形，$St = 0.21$，易加工，阻力小，但旋涡强度较弱；矩形柱体，$St = 0.18$，阻力大，旋涡强烈且稳定，可在发生体内或发生体后方检测信号；三角形柱体，底边朝流向，$St = 0.16$，阻力小，旋涡强烈而稳定，在发生体的前后方及发生体内均可检测信号。

涡街感测器一般由压电晶体元件或超声波进行旋涡信号检测。当用压电晶体元件作为感测器时，是将压电晶体元件封装于发生体内部。当旋涡发生体两侧交替发生旋涡时，流体就对旋涡发生体两侧产生一个交变的升力，从而使旋涡发生体内产生交变压力。压电晶体元件即可检测这个交变应力。由于压电晶体的正压电效应。压电元件就会输出与旋涡同频率的交变电荷信号。感测器获得的交变电荷信号经转换器的放大、滤波整形等处理，得到代表涡街频率的数字脉冲，以便于显示或与计算机联用。根据需要，转换器也可输出模拟信号。转换器输出频率信号，用三线连接（信号线、电源线、地线）；输出模拟信号，用二线连接。供电电源，有的是 24VDC±10%，有的是 12VDC±5%。

（2）性能评价

涡街流量计有许多优点，主要是：

1）旋涡的频率只与流体流速有关，在一定的雷诺数范围内，几乎不受流体性质（压力、温度、粘度和密度）变化的影响。因此，涡街流量计不需单独标定即可用于特殊流体和大流量的测量。被测流体可以是液体，气体和蒸汽。

2）阻力小，量程比宽于其他流量计。

3）仪表感测件结构简单，无转动件，便于安装维护。

4）测量精度较高，误差约±1%，重复性约±5%，不存在零点漂移问题。

北京市公用事业科学研究所、上海无线电九厂、开封仪表厂、北京博恩达仪器仪表有限公司等均有产品。

3. 超声波流量计

超声波流量计是近十几年来随着集成电路技术迅速发展才开始应用的一种新型流量计。

超声波流量计由超声波换能器、电子线路及流量显示累计系统组成。超声波换能器一般将压电晶体做成圆形薄片（材料为锆钛酸铅），以40°角嵌入声楔中构成换能整体，称为测头。超声波发射换能器使电能通过压电晶体的逆压电效应转换为超声波能量，然后经声楔（由有机玻璃制成，超声波通过时能量损失很小，透射系数接近为1）、管壁，发射到被测流体中，超声波在流体中传播，被接收换能器接收，然后再转换为代表流体流量的电信号，实现流量的检测与显示。一般至少要两个测头，一个为超声波发射换能器，另一个为超声波接收换能器。电子线路及流量显示、累计系统组装成整体，成为主机，便于携带。测得瞬时流量和累计流量可用数字量或模拟量输出、显示。

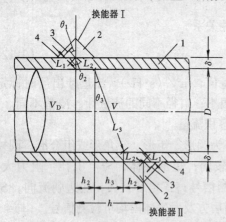

图 3-29　超声波流量计测量原理

1—管道；2—声楔；3—晶片；4—耦合剂

根据对信号检测的原理,超声波流量计大致可分为传播速度差法、波束偏移法、多普勒法、相关法等类型。目前使用最普遍的是传播速度差法中的频差法,现将基本原理简述如下:图 3-29 为测量示意图。1 为被测管道,2 为测头(声楔),两个测头相对装在管道的外表面,测头间距为 h。两个测头同时都是超声波发射换能器,又是超声波接受换能器。当测头Ⅰ为发射器时,测头Ⅱ为接收器,此时超声波经声楔、管壁、流体传播,传播路径为 $2L_1 + 2L_2 + L_3$,对流体流动方向而言为顺流传播;当测头Ⅱ为发射器,测头Ⅰ为接收器时,传播路径相同,但传播方向则为逆向传播。因在流体中的声速 c 一定,则顺流传播所需时间 t_+ 短,逆流传播所需时间 t_- 长,亦即顺、逆流传播频率不同,频率 $\Delta f = f_+ - f_- = (1/t_+) - (1/t_-)$。管道中流体的平均流速 V_D 与频差 Δf 存在如下线性关系:

$$u_D = \frac{V}{K} = \frac{D}{K\sin 2\theta_3}\left[1 + \frac{ct_0\cos\theta_3}{D}\right]^2 \Delta f \qquad (3\text{-}13)$$

式中　u_D——超声波路径上的流体平均速度，与 V_D 不等，取决于雷诺数 Re，m/s;

K——$\dfrac{V}{V_D}$ 比值，称为流量修正系数，其值

$$K = \frac{V}{V_D} = 1 + 0.01\sqrt{6.25 - 431Re^{-0.237}} \qquad (3\text{-}14)$$

c——声速，m/s;

D——管道直径，mm；

θ_3——超声波在流体中的路径与管道径向夹角；

t_0——超声波经过声楔、管壁所需时间，当测头结构固定，管径一定时，很容易算出。

测出超声波频差 Δf，即可算出流速 V_D，进而给出体积流量 G。

超声波流量计的主机，将从测头（传感器）接收到的频差信号 Δf 放大变换，成为 $4\sim20mA$ 的直流信号或 $0\sim100Hz$ 的脉冲信号。对于 $4\sim20mA$ 直流信号，先经过 100Ω 标准电阻使信号成为 $0.4\sim2V$ 电压信号，再根据量程大小即可计算出流量值。对于 $0\sim100Hz$ 的信号输出，经光电隔离进行电平变换后即可接到计算机的输入口。由于 $0\sim100Hz$ 的频率较低，直接测量误差较大，因而采用测量周期的方法，测量连续几个波的周期，再取平均值，取倒数得到精确频率值 f_x，再根据仪表常数 K，即得流量值 $G=Kf_x$。

超声波流量计为非接触式仪表，测头不与被测流体直接接触，从管道外表即可测出流量，使用很方便。被测管道直径为 $25mm\sim3m$。可测清水，也可测雨水、污水。由于测头受温度限制，流体温度超过 100℃ 时，无测量信号。测量精度 $\pm1.0\%$，由于声速与流体温度有关，当流体温度变化时，有一定误差。

国内大连索尼卡电子技术开发有限公司、本溪无线电一厂、开封仪表厂均有生产。

第四节　供热系统控制系统中常用的执行器

供热系统的自动调节最终是由执行器实施完成的。

执行器是执行机构和调节机构的总称。执行机构是功率放大部分，调节机构是调节阀和调节风阀。

执行器是供热系统自动控制系统中一个重要组成部分，它依据来自调节器输出的控制信号，经角位移或直线位移，通过调节机构改变被调介质的流量（能量等），使供热效果满足预定的要求。

执行器的结构和性能对自动控制系统的特性影响很大，即使传感器、变送器、转换器、调节器性能再好，如果执行器的性能不好，也会降低控制系统的调节质量，甚至完不成自动调节任务而破坏生产的正常进行。所以，在设计自动控制系统中，设计和选择合适的执行器是一个重要内容。

本节主要介绍执行器，调节机构详见第一章。

一、执行器的种类与作用

按照采用动力能源形式的不同，执行器可分为三大类：电动执行器、气动执行器和液动执行器。三种执行器的主要特点见表 3-7。

在电气复合控制系统中，可通过转换器（气—电转换器或电—气转换器）或阀门定位器连接不同能源的调

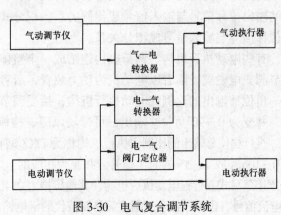

图 3-30　电气复合调节系统

节器与执行器，如图 3-30 所示。

三种执行器的特点比较   表 3-7

	气动执行器	电动执行器	液动执行器		气动执行器	电动执行器	液动执行器
构 造	简 单	复 杂	简 单	维护检修	简 单	复 杂	简 单
体 积	中	小	大	使用场合	防火防爆	隔爆型防爆	注意火花
配管配线	较复杂	简 单	复 杂	价 格	低	高	高
推 力	中	小	大	频率影响	狭	宽	狭
动作滞后	大	小	小	温度影响	较 小	较 大	较 大

气动执行器的输入信号为 $0.02\sim0.10$MPa。电动执行器的输入信号有连续信号和断续信号两种，连续信号为 $0\sim10$mADC 和 $4\sim20$mADC 两种范围，断续信号系指开关信号。在调节阀方面，除常年的直通单座、双座调节阀外，已发展有高压调节阀、蝶阀、球阀、偏心旋转调节阀等品种。同时，套筒调节阀和低噪声调节阀等也在发展中。

执行器是自动调节系统的重要组成部分，在供热系统控制系统中，执行器直接安装在供热系统各被控工艺设备上，控制供热系统正常运行。对供热锅炉而言，锅炉的炉膛、汽包、蒸汽母管的温度、压力、汽包的水位，给水、给油（或给煤）、送风和供气的流量等热工参数，通过传感器变成相应的信号和给定值进行比例，经调节器运算后，指使执行器，改变进出锅炉的燃料量、送风量和引风量、供水量和输出蒸汽量，维护锅炉的最佳正常运行生产。

综上分析，供热系统自动控制的最终情况要看执行器完成调节任务的情况来决定。执行器的性能对自动控制系统的效果影响很大，尽管选用 PID 三作用调节器，如果没有协调的，性能可靠的执行器，也是不能较好的完成调节任务的。所以，执行器在控制系统中占有重要的位置，发挥着极其重要的作用。

二、电动执行机构

电动执行机构接受来自调节器的信号，将其变为执行机构输出轴的角位移或直行程位移，并用以推动调节机构执行调节任务。

（一）电动执行机构的分类

电动执行机构按照输出位移不同可分：角行程电动执行机构，直行程电动执行机构，多转式电动执行机构。

按特性不同可分为：比例式电动执行机构，积分式电动执行机构。比例式电动执行机构的输出位移信号与输入信号成比例关系。积分式电动执行机构接受断续输入信号，其输出位移信号与输入信号成积分关系。

有些电动执行机构与调节机构连结成一个整体，以便于选择和使用，通常称其为电动调节阀或电磁阀，前者以电动机为动力装置，后者以电磁铁为动力装置。

角位移输出的比例式电动执行机构，接受调节器送来的 $0\sim10$mA 或 $4\sim20$mA 直流信号，并变为 $0\sim90°$角位移输出，可带动风门、档板、阀门等调节机构。

直行程位移输出的比例式执行机构称为 DKZ 型直行程电动执行机构。它接受调节器送来的 $0\sim10$mA 或 $4\sim20$mA 直流信号，并变为相应的上下位移输出，可直接操纵调节机构。另外有 ZGJ 简易式直行程电动执行机构，其输出推力在 400N 以下，它可以接受 DDZ 调节单元的直流电流信号，也可以接受动圈式简易调节仪的继电输出信号，并变为相应的位移。

（二）电动执行机构的构成原理

电动执行机构的组成主要部件如图 3-31 所示。它由伺服放大 (DFC)、电动操作器 (DFD)、伺服电动机 (SD)、减速器 (J) 和位置发送器 (WF) 组成。

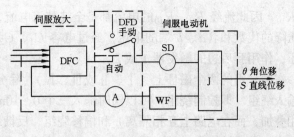

图 3-31　电动执行机构主要部件方框图

来自调节器（计算机）的信号 I_{gr}（0～10mADC）送到伺服放大器后，先与位置反馈信号 I_f（0～10mADC）相比较，其差值（正或负）经放大后控制交流电源，使两相交流电机正转或反转，经减速器后使输出轴产生位移（直线位移或 0～90° 角位移）。输出轴的位移又经位置发送器转换成 0～10mADC 信号，作为位置指示和反馈信号 I_f。反馈信号送到伺服放大器输入端。当反馈信号等于输入信号时，电动机停止转动，而输出轴改变了一定位置，因此，输出轴的位移与输入信号 I_{sr} 成比例关系。

电动机也可以通过电动操作器 (DFD) 进行远距离人工操作。此时，电动操作器放在"手动"位置，由手动开关进行操作。

（三）伺服放大器

伺服放大器由前置磁放大器、触发器、主回路和电源四部分组成，其方框图如图 3-32 所示。

伺服放大器应具有如下性能：输入信号 0～10mA；输入电阻 200Ω；输入通道有三个；输入信号与反馈信号之差值的极性改变，可改变电动机的正反转；放大器的灵敏度在 0～100A 范围内可调；放大器近似继电特性，对电动机进行无触点控制。

1. 前置磁放大器

前置磁放大器属于直流（电压）输出的，带内反馈的双拍推挽式磁放大器，其线路图如图 3-33 所示。前置磁放大器将输入信号和位置反馈信号相减并予以放大，所得直流输出经触发器变为触发脉冲去打开控制主回路的可控硅，使电机与电源接通而旋转。

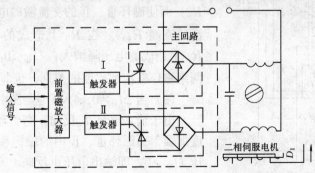

图 3-32　伺服放大器方框图

磁放大器的铁芯由四个相同的环形导体构成，四个导磁体分成两组（即双拍），每个有两个磁环（Ⅰ、Ⅱ、Ⅲ、Ⅳ），在每个磁环上都绕有交流激磁绕线。在每个交流激磁绕组的供电电路中都串接了二极管（D_5～D_8），因此，通过每个交流激磁绕组的都是半波整流电流。磁环Ⅰ、Ⅱ上的交流绕组的电流经 R_9，而磁环Ⅲ、Ⅳ上的交流绕组的电流都流

经 R_{10}，因此流经 R_9、R_{10} 的电流都是全波整流电流，但电流方向相反。以 R_9、R_{10} 上的电压降的代数和（a、b 端的电压）经过电容 C_1、C_2 滤波后，作为前置磁放大器的输出电压，作用到后边的触发器 1 或 2。

在同一组的两个磁环上（Ⅰ、Ⅱ 或 Ⅲ、Ⅳ），除分别绕有交流绕组外，还共同绕有三个输入绕组（即控制绕组，可以同时输入三个 0~10mADC 信号，这三个输入信号的磁场互相叠加，而在电路上互相隔离）和偏移绕组、反馈绕组和局部反馈绕组各一组。串在各输入绕组和反馈绕组里的电阻 R_1、R_3、R_4，用以调整各通道的内阻，使其为 200Ω。R_5 与根据局部反馈的要求选定的电阻 R_8 决定直流偏移电流的大小，使磁放大器在合适的工作点工作。$1R$ 是调整电位器，用来调整流入两组磁放大器的偏移电流，使两组的输出对称，在输入为零时，使输出 U_{ab} 也为零，故 $1R$ 称为调零电位器。电位器 $2R$ 用以调整局部负反馈的大小，以改变前置磁放大器的放大倍数，使电动执行器有合适的不灵敏区，不发生自振荡。故 $2R$ 称为"稳定"电位器。

现在分析一下前置磁放大器在几种不同工况下工作特点。为了讨论方便，以 ΔI_{sr} 代表三个输入信号 $\sum I_{sr}$ 和反馈信号 I_f 的代数和，即：

$$\Delta I_{sr} = \sum I_{sr} - I_f$$

（1）当 $\Delta I_{sr} = 0$ 时，由于两组磁环（Ⅰ、Ⅱ 或 Ⅲ、Ⅳ）在结构上是对称的，调整 $1R$ 可以使磁环 Ⅰ、Ⅱ 和 Ⅲ、Ⅳ 的磁饱和程度相同，因而通过各磁环的交流绕组的电流相等。它们在输出电阻 R_9 和 R_{10} 上造成的压降数值相等，而方向相反，$U_{ab} = 0$，磁放大器没有输出。

（2）当 $\Delta I_{sr} \neq 0$，输入信号 I_{sr} 的方向如图所示时。

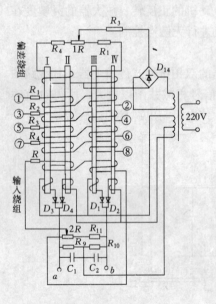

图 3-33　前置磁放大器原理图

输入信号 I_{sr} 和偏移绕组电流在导磁体中造成的磁场方向在两组磁环中是不同的。在 Ⅲ、Ⅳ 这一组中是同向的。因此，磁环 Ⅰ、Ⅱ 的磁饱和程度减弱，使交流绕组的电感增大，而磁环 Ⅲ、Ⅳ 的磁饱和程度加强，使交流绕组的电感减少。这样就使通过磁环 Ⅰ、Ⅱ 交流绕组的交流激磁电流减少（经全波整流后流经 R_9）而使磁环 Ⅲ、Ⅳ 的交流激磁电流加大（经全波整流后流经 R_{10}）。在 R_9 上造成的电压降减少，而在 R_{10} 上造成的电压降增大，$U_{ab} < 0$。U_{ab} 的大小决定于两组磁环磁饱和程度的差别，也即与 ΔI_{sr} 成比例。

（3）当 $\Delta I_{sr} \neq 0$，输入信号与图中所示方向相反时。

由于输入电流 I_{sr} 反向，则磁环 Ⅰ、Ⅱ 的磁饱和程度加强，而磁环 Ⅲ、Ⅳ 中的磁饱和程度减弱，输出电压 $U_{ab} > 0$，即输出电压也反向。

从上面三种工况分析可看出，这种磁放大器的输出电压（U_{ab}）能反映出输入信号的极性，其输出直流信号的大小同输入信号成比例。

在前置磁放大器中还有一组局部反馈绕组。从磁放大器输出信号 U_{ab} 中取出一部分作为局部反馈信号加到局部反馈绕组，电流在绕线中的方向与 I_{sr} 相同，因而是正反馈作用，

调整 $2R$ 即改变正反馈的大小。

反馈绕组中的反馈信号 I_f 来自执行机构输出轴的位移，它的极性同输入信号 I_{sr} 相反，起负反馈作用。

2. 触发器

前置磁放大器的输出信号 U_{ab} 送到触发器1、2。这两个触发器是完全对称的，其线路图如图 3-34 所示。

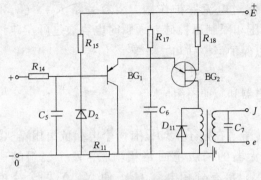

图 3-34　触发器线路图

触发器实际上是一个由单结晶体管组成的振荡器。由前置磁放大器来的信号 U_{ab} 加到触发器 1 和 2 的晶体管的基极。图中 0 点是两个触发器的公共输入端（对外不接通）。

晶体管 BG_1 是正偏置的，R_{15} 是偏流电阻。

(1) 在 $U_{ab}=0$ 时，晶体管 BG_1 是导通的，电容 C_5 并联在晶体管 BG_1 的集射极间。此时集电极电位很低，电容 C_5 的电压 U_0 小于单结晶体管的峰点电压 U_p（U_p 为使晶体管导通时的电压），单结晶体管的 $e-b$ 极间呈高阻状态，振荡器不起振。

(2) 在 $U_{ab}<0$ 时，"a" 点为负电位，晶体管 BG_1 的集电极电流减少，集电极电位升高，电容 C_5 被充电。当 $U_c>U_p$ 时，单结晶体管 $e-b_1$ 间突然变成低阻状态，电容 C_8 通过 $e-b_1$ 和脉动变压器 BM_1 的原边线圈放电，在 BM_1 的副边就感应出一个脉动电压。当 C_5 放电使 U_e 下降到2V 左右时，单结晶体管又恢复 $e-b_1$ 间的高阻状态，电源通过 R_n 对 C_8 再充电。当 U_c 再一次大于 U_p 时，单结晶体管的 $e-b_1$ 又导通，BM_1 发出第二个脉冲。因此，当 "a" 点输入负电位时，这一边的振荡器起振，由脉冲变压器 BM_1 发出一系列脉冲触发可控硅。

(3) 当 $U_{ab}>0$ 时，"a" 点为正电位，则晶体管 BG_1 比原来进一步导通，集电极电位下降更多，此时振荡器不会起振，触发器 1 亦无输出。但此时另一触发器却输入负电位（b 点），因此就有输出脉冲去触发另一个可控硅。

由此可见，触发器 1、2 相当于一个双向开关或一个无触点的三位继电器。

在单结晶体管 $e-b_1$ 由低阻状态突然转到高阻状态时，二极管 D_{11}（D_{12}）为脉动变压器原边线圈提供一条放电回路，以防止产生过高的反向感应电势，对单结晶体管和后面的可控硅起保护作用。R_{10}（R_{20}）是温度补偿电阻。

3. 主回路

主回路分两级，每组采用一个可控硅整流器和四个整流二极管，组成无触点的交流开关，其线路如图 3-35 所示。

触发器的两个输出脉冲变压器 BM_1 和 BM_2 的副边分别接到两只可控硅 SCR_1 和 SCR_2 的控

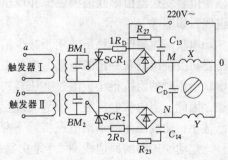

图 3-35　主回路线路图

制极和阴极之间，当 BM_1 有脉冲输出时，可控硅 SCR_1 导通，$D_{13\sim16}$ 所组成的桥路把 220V 交流电源加到两相电动机的 MO 两端，使电动机向一个方向旋转。同样，当可控硅 SCR_2 导通时，交流电源加到电机的 NO 两端，使电动机向另外方向旋转。这个可逆旋转的特性是由移相电容 C_D 造成的。

如果两个可控硅同时导通（不正常情况），电源同时加到电动机的两个绕组上，使 C_D 失去移相作用，电动机不能旋转，就会长时间有大电流通过，从而损坏电动机绕组或可控硅。为此，接入快速熔断器（$1R_D$、$2R_D$），起过电流保护作用。阻容旁路 R_{27}、C_{13} 和 C_{14}，用于吸收可控硅在切断瞬间产生的过电压和限制可控硅导通瞬时电容通过可控硅和二极管放电时的瞬时电流值和电流上升率，以保护可控硅和二极管。

（四）伺服电动机

伺服电动机由两相交流电动机、位置发送器和减速器组成。

1. 两相交流电动机和减速器

两相交流电动机的转子是短路式鼠笼式转子。在定子上均设有两个电相位角相隔 90° 的绕组 X 和 Y，这两个绕组分别与伺服放大器的两级主回路相串联，两个绕组的一端（0）一起接到电流电源，另一端（M、N）接有分相电容 C_D，使 X、Y 两个绕组获得 90° 相位差的交流电流。从图 3-35 中可以看出，当可控硅 SCR_1 或 SCR_2 导通时，电容 C_D 或是与 Y 绕组串联，或是与 X 绕组相串联。串有电容 C_D 的绕组称为激磁绕组，另一个直接接在交流电源上的绕组称为主绕组，这种电机为鼠笼式两相交流可逆异步电动机。

当可控硅 SCR_1 导通时，电容 C_D 与 Y 绕组串联，因此 Y 是激磁绕组，X 是主绕组。此时，通过 Y 绕组的电流 I_Y 将比 X 绕组中的电流 I_X 导前 90°。电动机向顺时针方向转动。

当可控硅 SCR_2 导通时，分相电容 C_D 接入 X 绕组，因此 X 是激磁绕组，Y 是主绕组。此时电动机逆时针方向转动。

电动执行机构中所用电动机的转速很高（600～900r/min），而执行机构的输出轴全行程时间只需 25s（调节阀从全关到全开的时间），即输出轴转速为 0.6r/min。因此，电动机至输出轴间要有减速器，减速比为 1000～1500。

2. 位置发送器

位置发送器将执行器输出的位移线性地转换成 0～10mA 的直流信号，作为调节阀位置指示和执行机构的负反馈信号送到前置磁放大器。

位置发送器由串联谐振磁饱和稳压器（ZBD）、差动变压器（BZ）和零点补偿路线等组成，如图 3-36 所示。

串联谐振磁饱和稳压器用于减少由于电源电压波动的影响，其稳压原理是这样的，变压器初级绕组具有一定的电感，串联电容 C_{12} 后，变压器输入回路对电源频率 50Hz 形成串联谐振时的阻抗很小，流过变压器初级绕组的电流很大，使变压器铁芯处于深度饱和状态；因此，当电源电压波动引起流过变压器初级绕组的电流变化时，所引起的磁通的变化已甚小，使变压器的输出电压接近不变，达到了稳压作用。

差动变压器的原边线圈 L_3 是由稳压电源供电的，副边有两个反向串联的线圈 L_a 和 L_b，铁芯的移动与执行机构输出轴的位移成正比。

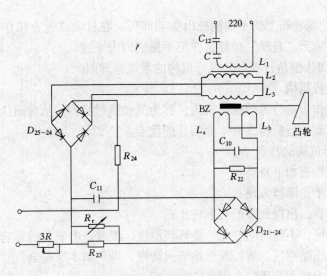

图 3-36 位置发送器线路图

当铁芯在中间位置时，两个线圈 L_a 和 L_b 的感应电势相等，由于两个线圈反向串联，因此没有输出。当铁芯向左移动时，线圈 L_a 和 L_b 间的磁阻减小，感应电热 E_a 增加，而线圈 L_a 与 L_b 间的磁阻增加，应感电势 E_b 减少，由于 $E_a > E_b$，差动变压器就有输出，而且铁芯位移越大，E_a 和 E_b 相差越大。当铁芯向右移动时，$E_b > E_a$，差动变压器也有输出，只是相位相反。差动变压器的输出，经 C_{10} 滤去高次谐波，并由 $D_{21\sim24}$ 全波整流，变成直流输出。由于没有相敏整流，直流输出只能反映铁芯偏离中心点位移的大小，而不能反映其移动方向，在调整时必须注意这一点，使在执行机构的整个行程中，铁芯始终在中心位置的某一侧。

位置发送器的输出信号作负反馈和阀位指示用，要求直流输出信号与输出轴的位移成线性关系。但是，由于整流二极管的非线性特性，使输出电流 I 和 "0" 点附近有一非线性段 0—a，如图 3-37 所示。为了能在线性段 a—c 工作，必须把位移信号的零点迁移到 a 点，即铁芯在偏离中间位置 X_a 时，输出轴为零位，此时如不加其他措施，就有一个位移信号 I_k 输出。为了使此时的位移输出信号为零，必须加上一个反向补偿电流 I_k。这样，当调节阀为零时，铁芯在差动变压器中的位

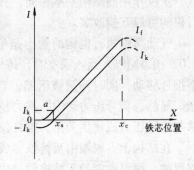

图 3-37 差动变压器的输出特性

置在偏离中心处 X_a，位置发送器的输出信号 I_f 为零。而当调节阀为最大位置时，铁芯位置在 X_c 处，输出信号则为 10mA。反馈信号 I_f 从 0 开始变到 10mA。

反向补偿电流由全波整流电桥 $D_{25\sim28}$ 供给，R_{24} 是阻值很大的电阻器，使 I_k 近似于恒值。

电位器 $3R$ 用于调节 I_f 的大小，以调整满量程。

热敏电阻 R_T 用于补偿环境温度变化对位置发送器工作的影响。

执行机构可以电动，也可以手动操作。在就地手操时，电动机后盖上的"手把"放到

"手动"位置，把减速箱上的手摇柄拉出摇动即可。在自动或远方操作时，要将电动机后盖上的"把手"放到"自动"位置，并把手摇柄向内推进。

图 3-38 为 DKJ 型角行程电动执行机构的系统原理图。

三、气动执行机构

以压缩空气作为动力源的执行机构，称为气动执行机构。从前面执行器的分类和比较中相以看出，气动执行机构具有十分明显的优点。

1. 气动执行机构的特点

气动执行机构有如下特点：

(1) 结构简单，维修方便；

(2) 动作可靠，出现故障的机率较小；

(3) 性能稳定，不随时间变化，受环境温度、湿度、电磁场的影响也较小；

(4) 能源是压缩空气，所以天然地防火防爆，即所谓本质安全；

(5) 输出推力较大，适应范围较广；

(6) 成本较低。

气动执行机构不仅直接与气动仪表相配合使用，而且也可以通过电—气转换器或阀门定位器与电动仪表配用。它是目前工业使用最多最广泛的一种执行器。

气动执行机构主要有薄膜式执行机构和活塞式执行机构两种，而薄膜执行机构应用最广泛。

2. 气动薄膜式执行机构

气动薄膜式执行机构的组成结构如图 3-39 所示。它分成正作用式和反作用式两种。信号压力增大，阀杆向下移动称为正作用式；信号压力增大，阀杆向上移动，称为反作用式。正反作用的结构基本相同，只是反作用式信号是通入膜片下方的气室。正、反作用执行机构可以互换改装。

气动薄膜执行机构的输出是位移，它与信号压力成比例关系。当信号压力（通常是 $0.02 \sim 0.1$ MPa）通入膜室时，该压力乘波纹膜片的有效面积得到推力，在此推力的作用下推杆移动，同时弹簧被压缩，直到弹簧上产生的反作用力与薄膜上的推力相平衡时为止。显然，信号压力越大，推力越大，推杆的位移，即弹簧的压缩量也就越大，推杆的位移与信号压力成比例关系。推杆位移的范围就是执行机构的行程。

在结构上：膜盖由灰铸铁铸成，为了减少气室的容积，造形较浅。波纹膜片是由有较好耐油、耐温性能的丁腈橡胶，中间夹有锦纶 32 支丝织物压制而成的。其有效面积的规格计有 200、280、400、630、1000、1600cm^2 等。在工作过程中，膜片的有效面积将随行程的变化而变化，有效面积本身越小，其相对变化越大，通常要求膜片的有效面积的变化不超过 6%。压缩弹簧由 65Mn（或 60Si2Mn）弹簧钢绕制，并经热处理。弹簧和膜片是影响执行机构线性特性的关键零件。调节件用以调整压缩弹簧的预紧量，以改变行程的零位。行程可从标尺上读出，行程的规格有 10、16、25、40、60、100mm 等。在支架正面有两个螺孔，用以安装阀门定位器，反面有四个螺孔，用以安装手轮机构。

3. 气动活塞式执行机构

活塞执行机构的气缸允许操作压力较大，可达 0.5MPa，而且没有弹簧抵消推力，故具有较大的输出力。它适应于高静压，高压差以及需要较大推力的工艺场合。所以它是一

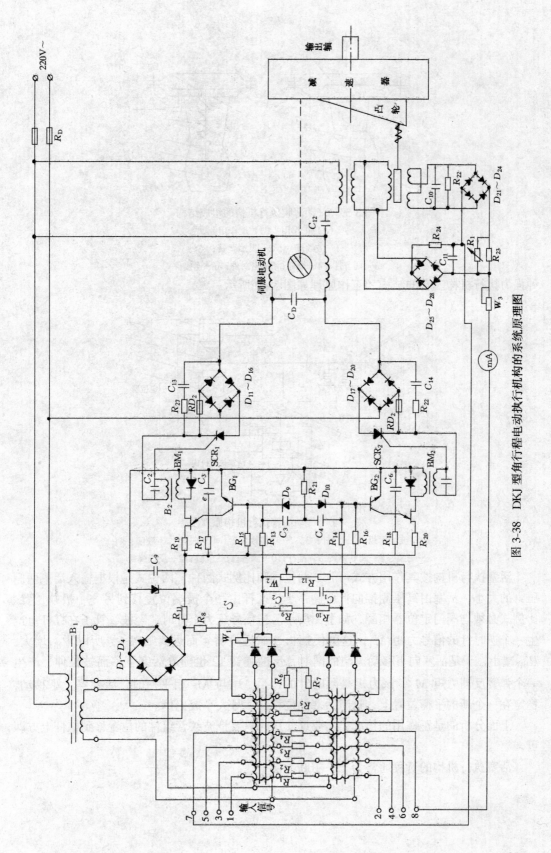

图 3-38 DKJ 型角行程电动执行机构的系统原理图

105

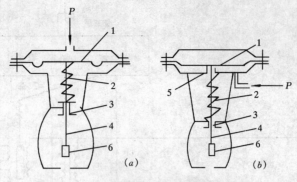

图 3-39　气动薄膜执行机构的组成结构

(a) 正作用；(b) 反作用

1—波纹膜片；2—反馈弹簧；

3—调节件；4—推杆；5—密封件；6—连接件

种强力执行机构。它的结构和工作原理如图 3-40 所示。

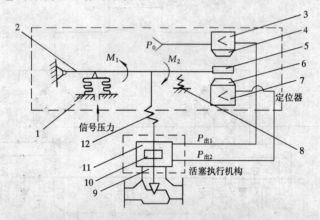

图 3-40　气动活塞执行机构原理图

1—波纹管组；2—杠杆；3、7—功率放大器；4、6—上、下喷嘴；

5—挡板；8—调 0 弹簧；9—推杆；10—活塞；11—气缸；12—反馈弹簧

活塞执行机构按其作用方式可分成两位式和比例式两种。两位式是根据输入活塞两侧压力的大小，活塞由高压侧推向低压侧，于是推杆由一个极端位置移到另一个极端位置。比例式必须与阀门定位器相配，如上图所示。当信号压力上升时，经波纹管 1 在杠杆上产生一个逆时针的信号力矩 M_1，这就使挡板 5 靠近喷嘴 4 而远离喷嘴 6，所以 $P_{出1}$ 增大，$P_{出2}$ 减小，于是活塞向下移动。与此同时，反馈弹簧 12 也随着活塞下移而被拉伸，产生一个弹簧反馈力矩 M_2，该力矩是顺时针的，当 M_1 与 M_2 相平衡时，活塞停止了移动，稳定在一个新的平衡位置上，这时活塞的位移同信号大小成比例。

上面分析的是正作用的情况，需要反使用时只要把波纹管组件的位置移到杠杆上方即可。

活塞执行机构的行程通常为 25～100mm。

第五节 通 信 网 络

信息传递的过程称为通信。通信系统一般由发送部分、接受部分和通讯线路组成。通信的质量除了和传送信号的特性，发送、接受部分有关外，通信线路起着重要作用。

通信线路可分为有线通信和无线通信。有线通信包括使用双扭线对、多股导线电缆、扁平电缆、同轴电缆和光纤电缆等。无线通信则包括利用地球表面、地下、水下和大气层等。

按传送信号可分为模拟信号和数字信号。话音、图像等属于模拟信号，文字和数据则属于数字信号。采用模拟信号、数字信号的通信分别称为模拟通信和数字通信。以下讨论的皆属于数字通信。

在长距离的通信网络中，采用串行通信，常用的接口标准有 RS—232C，RS—422等。

按信号传送方向可分为单工、半双工和全双工。单工指信号只能向一个方向传送，采用较少。半双工指信号可在两个方向上传送，但同一时刻只限于一个方向传送。全双工指能同时进行两个方向的通信。

在数字通信中，数据是一位一位地串行传送的，每秒钟传送的位数称为波特率 bit/s（位/秒）。通信的波特率与通信距离有关，对同一类型的通讯线路来说，降低波特率可以提高通信距离。在满足用户要求的前提下，适当降低通信速度可以降低成本。

根据不同的用途，可选用不同的通信网络。在工业控制系统中，可选用 RS—422 或电流环型式，特别是可使用双扭线或电话线，通信距离不太长，通信速度不太快，成本比较低。在较长距离的通信中，可采用带调制解调器的通信系统或无线通信。通信速度一般在 300~9600bit/s 之间，对于办公管理或其他特殊用户，距离在 1km 以内，通信速度较高（1~10Mbit/s）时宜采用局部区域网络。

一、无线通信系统

无线通信系统是利用电磁波传送信息的。典型的计算机无线电通信网络如图 3-41 所示。

中央管理计算机（或下位机）输出的信息经过抗干扰编码器，送至中波发射机发送。中波接收机接收到信号后经抗干扰译码器后送至下位机（或中央管理机）。无线电通讯的距离可达几十到几百公里。它的优点是不需要架线，传输距离远。缺点是建点申请手续复杂，易受干扰，一般在有线通信线路难以敷设时采用。

二、利用电话线的调制解调系统

利用电话线的调制解调系统在大的供热系统中采用较多。按传输信号来分，有频带调制解调器和基带调制解调器。基带调制解调器是将计算机送出的数据代码变换成特定代码（二电平码，差分码等），直接送往二线或四线专用线路的通信设备。一般使用专线，其传输距离

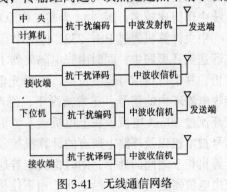

图 3-41 无线通信网络

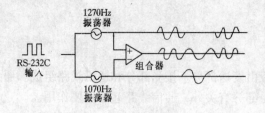

图 3-42 频带调制框图

为十几公里。由于生产厂家极少，这里不予介绍。应用得较多的是频带调制解调器。因为电话线的传输频谱分布范围为 300Hz～3400Hz，因此适合于传输音频信号。频带调制解调器的信号调制一般采用频移键控法，它是将数字信号转换成适宜于电话线上传输的音频信号，例如 1070Hz 代表逻辑 "0"，1270Hz 代表逻辑 "1"。图 3-42 为采用频移键控法的调制器完成信号合成的框图。

两个振荡器是调制器的主要部分。假设上面的振荡器在低于－5V 的电压下接通，下面的振荡器在高于＋5V 的电压下接通。如果 RS—232C 要发送的信号与振荡器的输入相连，则该信号将接通或断开振荡器。当 RS—232C 信号为－12V 时，1270Hz 的振荡器被接通。如果 RS—232C 的发送数据线送出＋12V 电平，上面的振荡器断开，下面的振荡器接通，产生 1070Hz 频率。然后再用运算放大器选通功能将这两个振荡器产生的不同频率波合成后发送通信电路。图 3-43 为解调器的工作原理图。

两个不同频率分量组成的输入信号加到两个滤波网络的输入端。滤波网络的功能是把输入信号分离成单独频率的分量。上面的带阻滤波器对 1070Hz 中心的频率呈很高阻抗，而对 1070Hz 为中心的窄带频率范围内信号呈低阻抗。信号进入带通滤波器，对 1070Hz 中心频率呈低阻抗，而对不接近中心频率的信号呈高阻抗。下面的滤波网络的功能与上述功能相同，只是中心频率为 1270Hz。两个滤波网络的输出经检

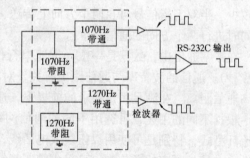

图 3-43 解调器原理

波器，输出 0，1 信号，两检波器的输出连到一个运算放大器输入端，它将信号进行电平变换成 RS—232C 适合的信号，送入计算机。

三、I—N 电流环型通信网络

1. 硬件原理

在通信速度不高，传输距离不远，容量不大的情况下，使用电流环信号实现计算机之间的通信具有它独特的优点。电流环型网络结构简单，价格便宜，易于维护，在空调供热系统中用得比较多，图 3-44 为其工作原理图。

中央计算机通过 RS—232C 标准串行接口与上位通信机相连，将信号变换后由光电隔离器送到环型网中，同时由光电隔离器 D_2 接收电流环中信号。同样，对于每一台下位计算机，其串行口信号经下位接口机由光电隔离 D_4 将信号送到电流环中，由光电隔离 D_3 接收电流环中的信号。正常情况下，继电器 J 的常闭触点吸合，在等待状态时，整个电流环流过 20mA 电流。在上位机或下位机中的某一个发送 "0" 时，电流环路断开，断开信号被本机以及环路上所有的计算机接收到。因此，电流环网络可以实现环型网络上所有计算机相互之间的通信，同时也决定着这种环型网络只能实现半双工通信。图中，环路电流由电位器进行调整。断电器 J 由下位接口机来控制，当某下位机断电时，该下位机的 J

释放，将 D_5 接入环路中，以保证网络畅通无阻。由上述介绍可知，电流环路中传输的是通断信号，因此抗干扰性较强，适合于距离小于 10km 的计算机之间的通信，通信速度一般取 300 ～ 1200bit/s。

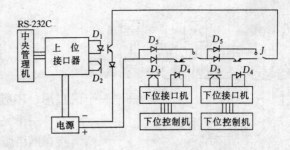

图 3-44　I—N 电流环型通信网络

2. 软件原理

由上面可看出，电流环网络可以实现网络中各计算机相互之间的通信。但在一般的工程使用中主要采用主从式通信方式。即通信是在中央计算机的控制下完成。下面简要介绍这种方式。

在电流环网络中的每一台下位机均有自己的通信站号。当中央机要与某台下位机通信时，中央机首先发出该下位机的通信站号，然后发出收发命令，说明是向该下位机索取数据还是发出控制命令。若是发控制命令，则继续将该命令发完。否则，中央机停止发数，准备接收该下位机发来的信息。

中央机发的通信站号被每一台下位机接收到，每台下位机均对此通信站号进行判断。如发现不是与自己联络，则继续原来的工作。否则接收中央机发出的全部信息并按照命令进行相应的操作或者发出中央机所要索取的数据。

为了提高数据传输的可靠性，无论是中央机还是下位机，每发出一段数据后，都要发出该段数据的检验和，收方接到数据后所作的检验和与所接收到的检验和不符，则该段数据作废。采用这种方法，通信可靠性大大提高。

四、局域网络

局域网是在一个小区域范围内对各种数据通信设备提供互联的通信网。简便而言，即微机的区域网就是将一系列独立的 PC 计算机组成一个多用户系统，使得系统各站之间可以通过网络实现资源共享。

局域网中的 PC 机和其他设备通常称为站。站有可能被描述为用户或服务器，这是两种基本功能。服务器用于管理网络资源，例如共享磁盘，允许用户站访问这些资源；用户站有时也称工作站，是网络上的真正用户。

PC 局域网的特征是：磁盘共享；文件共享；打印机共享；调制解调器共享；PC 机之间文件传输等。

局域网的产品有很多种，如 3Com 公司的 3$^+$ 网，Datapoint 公司 ARCNET 网，IBM 公司的 Token—Ring 网和 Novell 公司的 Netware 网等。大型网络用以太网比较多，因为以太网的兼容性好，其他不同类型的网络可以挂在以太网上，对于较小规模的网络，目前使用较多的是 3$^+$ 网和 Novell 网。

1. 3$^+$ 网络

3$^+$ 网络是在 DOS3.1 的基础上发展起来的网络软件，它的硬件配置如图 3-45 所示。

通过同轴电缆将各个 PC 工作站相连，对于远程工作站，可借助电话线通过调制解调器由服务器连至局域网上。

同轴电缆的长度有一定限制，如果距离很远可通过中继器连接，这时距离可达

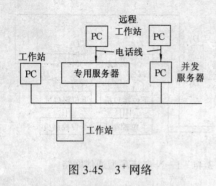

图 3-45   3⁺网络

2.5km。

可以看出 3⁺网的结构形式是总线型的。

2. Novell 的 Netware 网

Netware 网有不同的网卡可供选择，可以组成星形、环形、总线形等。

一个完整的网络包括：网络服务器（多个）连接在网络服务器上的外部设备，若干个工作站以及连接电缆。网络服务器是核心，它的任务是管理共享文件，管理系统安全，协调工作站间的通信以及控制打印机、磁盘子系统的使用。

局域网能使网络上的用户共享硬盘、外设资源，避免软硬重复投资。局域网还可以将分散在各处计算机中的数据适时集中、综合处理。

参 考 文 献

[1]　　李善化，康　慧等编．集中供热设计手册．北京：中国电力出版社，1996
[2]　　汤惠芬，董季贤编．城市供热手册．天津：天津科学技术出版社，1992
[3]　　贺　平，孙　刚编．供热工程（第三版）．北京：中国建筑工业出版社，1993
[4]　　陆耀庆主编．供暖通风设计手册．北京：中国建筑工业出版社，1987
[5]　　石兆玉编．供热系统运行调节与控制．北京：清华大学出版社，1994
[6.1]　中国城镇供热协会会刊．区域供热．（双月刊）1993年第4期
[6.2]　中国城镇供热协会会刊．区域供热．（双月刊）1994年第5期
[6.3]　中国城镇供热协会会刊．区域供热．（双月刊）1995年第2期
[6.4]　中国城镇供热协会会刊．区域供热．（双月刊）1996年第5期